舰载机，升空！

王懿墨 马娟娟 屠正阳◎著 东千兔兔◎绘

北京科学技术出版社

航母上的“战鹰”

波光粼粼的海面上，庞大的航母犹如巨型钢铁堡垒，
在阳光下闪着银色的光芒。
数架舰载战斗机威风凛凛地停在飞行甲板上，
随时准备起飞，振翅翱翔。

收到！
我来指挥舰载机，
你负责转运弹药！

“飞鲨”标志

位于歼–15的垂直尾翼上，图案是一条露出尖利牙齿的鲨鱼，寓意“保卫海疆，强我国防”。

歼 –15 舰载战斗机

代号“飞鲨”，是我国国产第一代舰载战斗机。除了基本的单座型，还有双座型、弹射起飞型、电子战型等多个改进型号。

新式智能防空导弹

能在短时间内迅速拦截低空飞行的导弹、战斗机和无人机，并配以红外和雷达等装置，可锁定海上和空中的目标。

新式近防炮系统

有11个能旋转发射的炮管，射速达每分钟上万发，是航母的最后一道防线。哪怕是高速来袭的超声速反舰导弹，也会被它的弹幕瞬间“撕碎”。

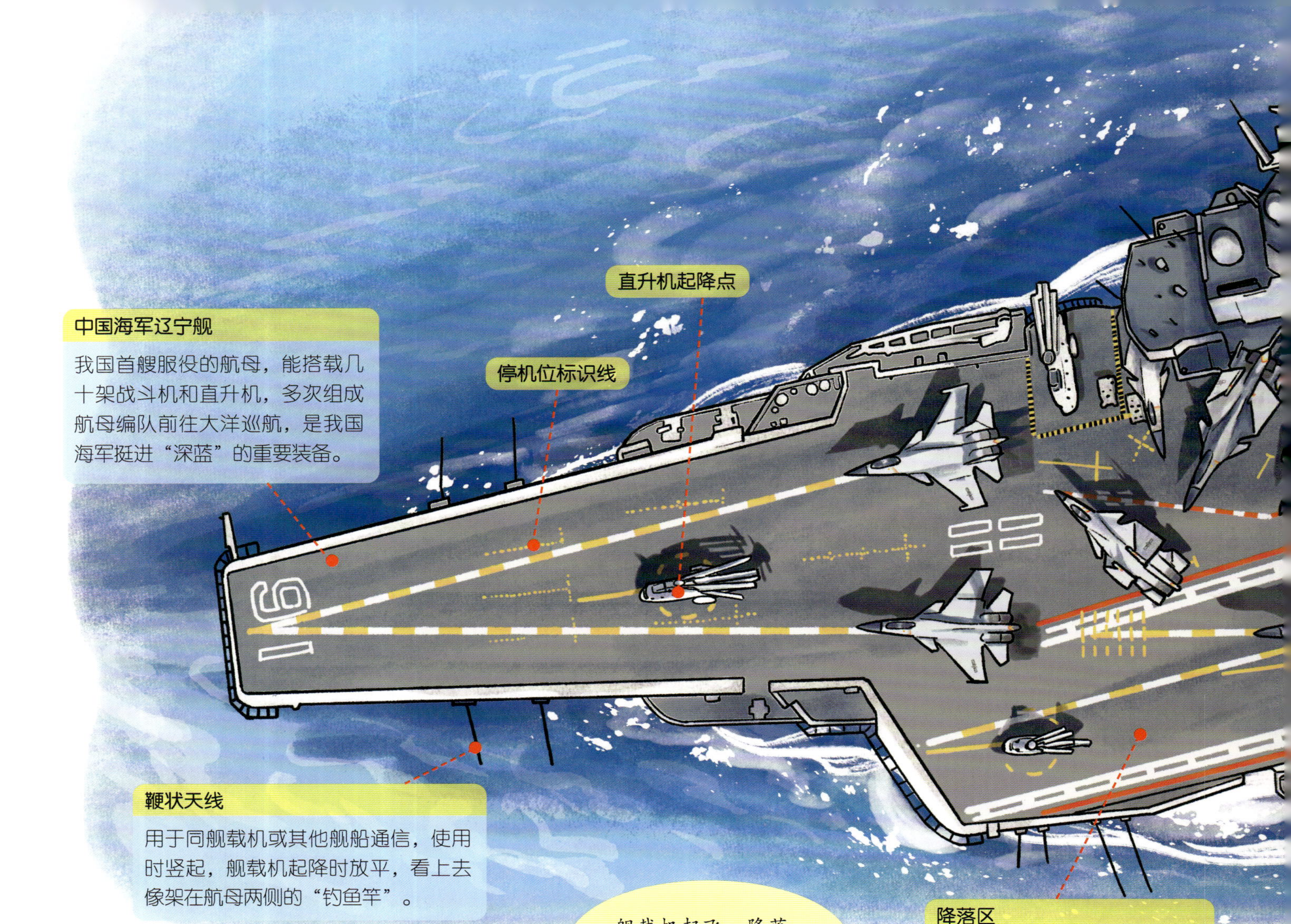
直升机起降点
中国海军辽宁舰
我国首艘服役的航母，能搭载几十架战斗机和直升机，多次组成航母编队前往大洋巡航，是我国海军挺进“深蓝”的重要装备。
停机位标识线
鞭状天线
用于同舰载机或其他舰船通信，使用时竖起，舰载机起降时放平，看上去像架在航母两侧的“钓鱼竿”。
降落区
舰载机的降落跑道略向左偏，可避免降落失败的飞机撞向飞行甲板上的其他飞机，防止发生事故。

舰载机起飞、降落、维护等都有专用区域。

飞行甲板的大学问

尽管航母的飞行甲板看起来巨大无比，
但停满舰载机时还是会拥挤。
舰载机是航母发挥战斗力的关键，
怎样才能避免它们在
飞行甲板上“堵车”呢？

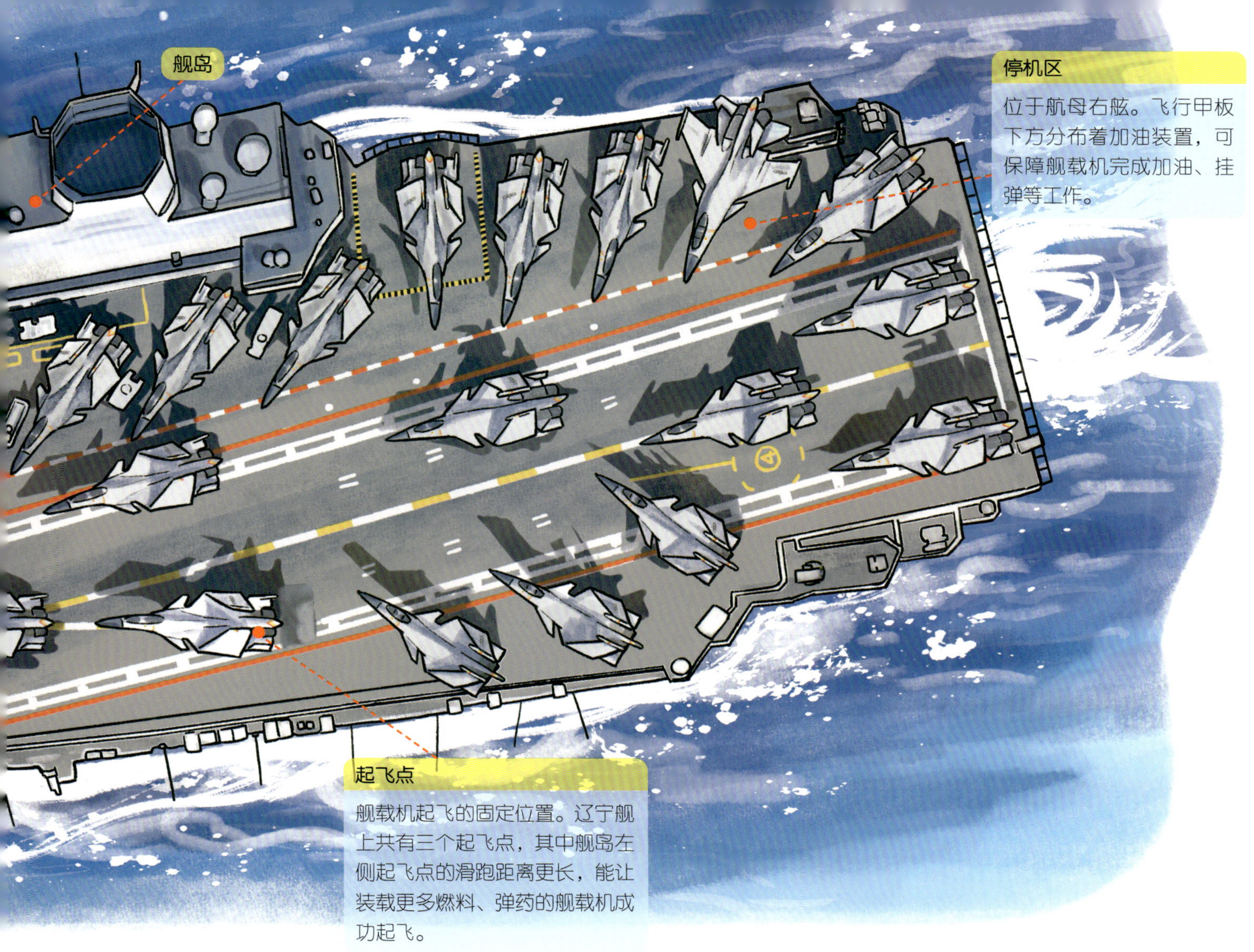
舰岛
停机区
位于航母右舷。飞行甲板下方分布着加油装置，可保障舰载机完成加油、挂弹等工作。
起飞点
舰载机起飞的固定位置。辽宁舰上共有三个起飞点，其中舰岛左侧起飞点的滑跑距离更长，能让装载更多燃料、弹药的舰载机成功起飞。

“全甲板攻击模式”
能对海上目标发动强有力的攻击，
是航母向敌人打出的一记“重拳”。

航母“全甲板攻击模式”

指把所有舰载机都排列到飞行甲板上，将它们一口气全部放飞，发动集群攻击的一种模式。这需要科研人员进行复杂的数学计算，规划好飞行甲板上每一架舰载机的最佳整备和起飞顺序。

舰载机整备，开始！

舰载机出动前，要先在飞行甲板上进行一系列准备工作——舰载机整备作业，例如展开折叠机翼、加油、装弹……整备作业完成后，舰载机依次进入起飞点，待命升空。

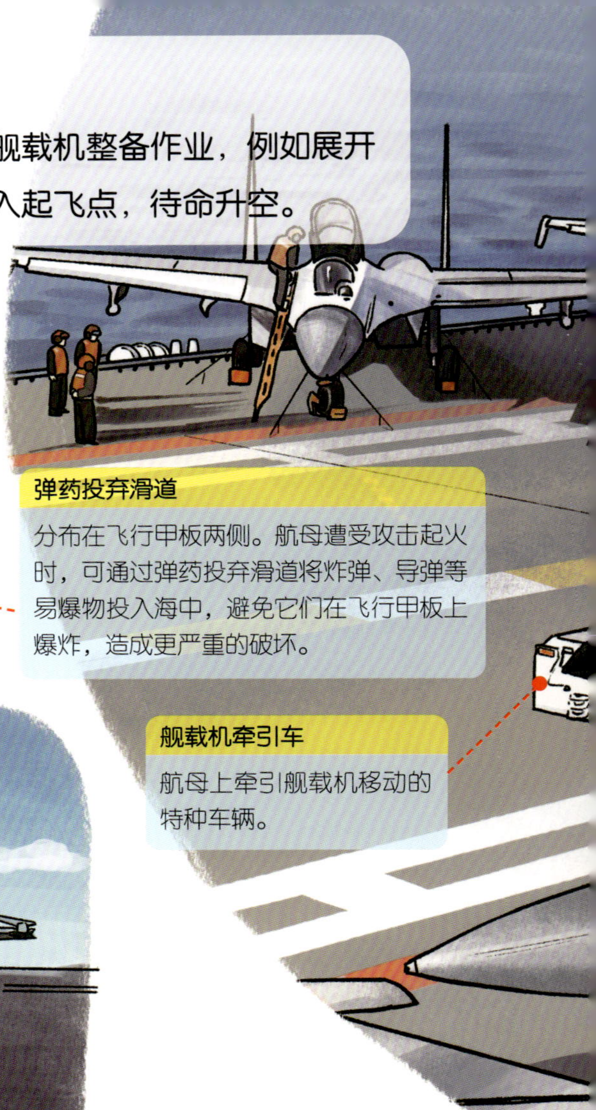

弹药投弃滑道

分布在飞行甲板两侧。航母遭受攻击起火时，可通过弹药投弃滑道将炸弹、导弹等易爆物投入海中，避免它们在飞行甲板上爆炸，造成更严重的破坏。

弹药升降机

舰载机各类机载弹药的“专用电梯”。它的工作效率关系着舰载机挂弹出动的速度，是航母上的重要设施之一。

舰载机牵引车

航母上牵引舰载机移动的特种车辆。

弹射器控制站

拥有 360° 视野，可观察飞机准备状态和地勤人员的放飞手势。弹射器控制站设置了升降功能，工作时可升到飞行甲板上来。

可折叠式机翼
这种机翼设计可减少舰载机停放时占用的空间，让航母在有限的空间内搭载更多飞机。
如果海上起了风浪，正在进行整备作业的舰载机会不会掉进大海里？
当然不会了！这些小装置能把舰载机牢牢地固定在飞行甲板上。
甲板系留孔
航母飞行甲板上的固定装置。使用时，将系留索一端扣在系留孔上，另一端与飞机相连。系留孔可承受十几吨的拉力，不会变形，更不会断裂脱落。

火药弹射器
早期的弹射装置，利用火药爆炸释放的能量来弹射飞机。但这种弹射器不安全，如果遭到攻击，飞行甲板就有变成一片火海的危险。
液压弹射器
第二次世界大战时美军航母上广泛使用的大型弹射器，能弹射鱼雷机等重型飞机，是一种早期使用的弹射装置。
武装航空运输船
早期改装运输船，加装弹射器，可弹射固定翼飞机，使其在空中为运输船队护航。
汉考克号航母
美国埃塞克斯级航母的第11号舰，参加过第二次世界大战中的太平洋战争。
旧式弹射器弹射效率较低，面对现代战争已经力不从心了。
压缩空气弹射器
利用压缩空气能产生巨大推力的原理设计的弹射器。弹射一架飞机用时较长，无法连续弹射多架飞机。

航母上的“大弹弓”——弹射器

航母的飞行甲板长度有限，舰载机起飞时通常要借助弹射器这个“大弹弓”把自己“弹”出去。弹射器的原理看似简单，却有着复杂的进化过程。我们一起来了解一下它的历史吧！

尼米兹级航母

美国现役一型核动力多用途航母，装有四台蒸汽弹射器。

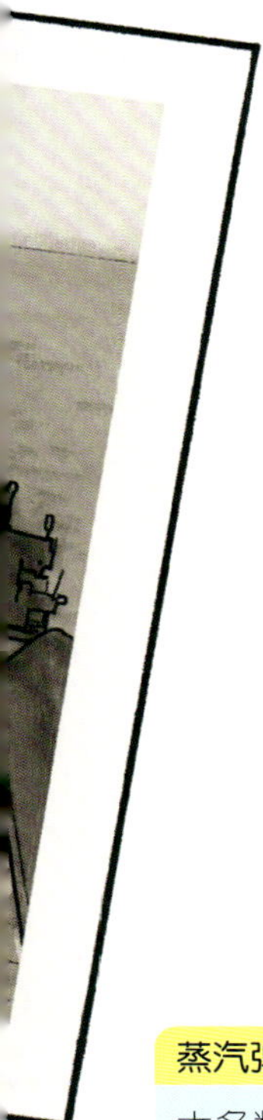

蒸汽弹射器里面
有复杂的蒸汽管路，
不是专业人员可搞不定！

蒸汽弹射器

大多数现代航母使用的弹射器，其巨大的弹射能量可满足喷气式飞机的起飞需求。但多次使用后就需要对它进行维修保养。

蒸汽弹射器启动时
会产生高温水蒸气，因此
操作它时要注意安全。

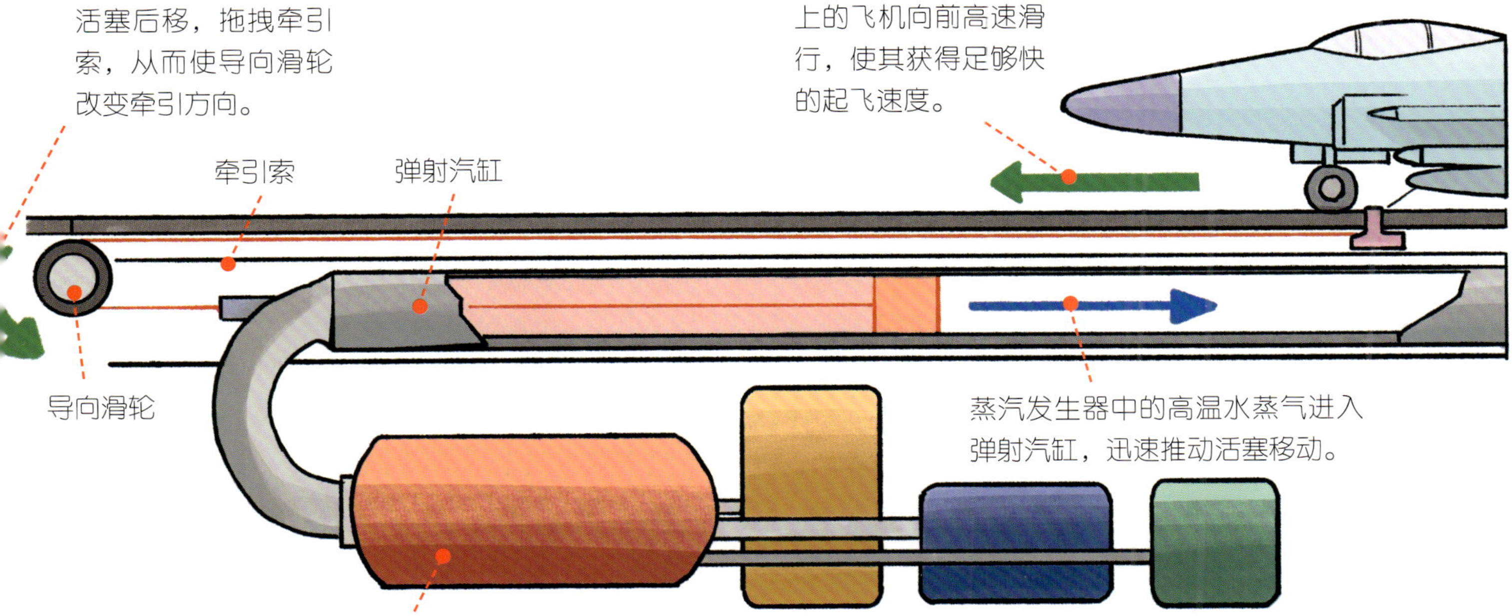
活塞后移，拖拽牵引索，从而使导向滑轮改变牵引方向。
牵引索拖动飞行甲板上的飞机向前高速滑行，使其获得足够快的起飞速度。
牵引索
弹射汽缸
导向滑轮
蒸汽发生器中的高温水蒸气进入弹射汽缸，迅速推动活塞移动。
蒸汽发生器

电磁弹射器的物理原理

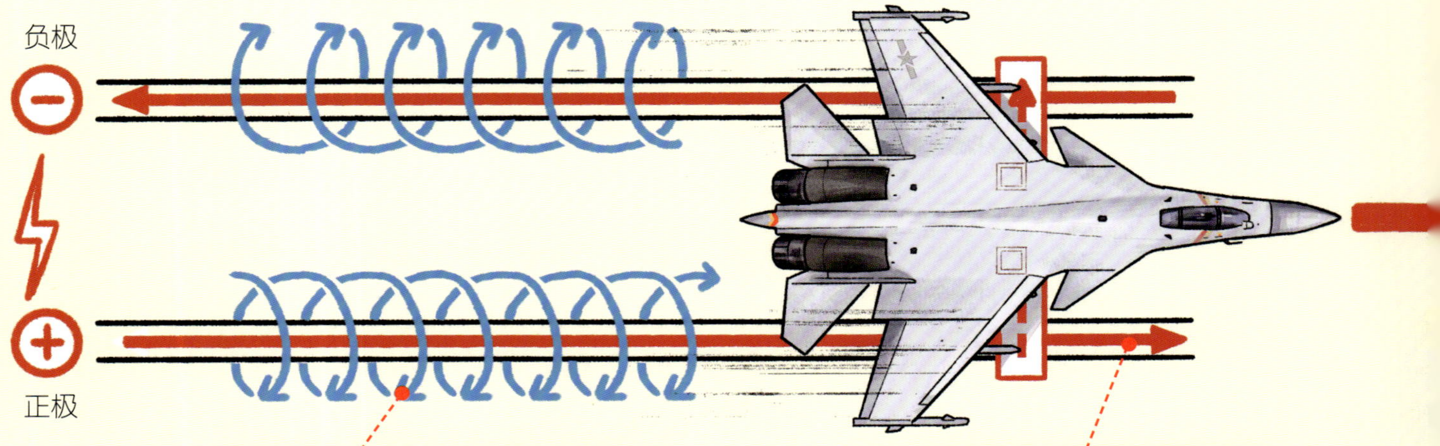

负极
正极

电磁场

通电的线路周围会产生螺旋环绕的电磁场，通电物体通过时就会受到电磁力的作用，电磁弹射器就是利用这个原理将飞机“弹”出去的。

电流方向

与从高处向低处流动的水相似，电也有固定的流动方向。它会沿着连通的电路从电源正极流向负极，这个方向就是电流方向。

奇妙的电磁科学

弹射器发展至今，

已经有了更先进的形态——电磁弹射器。

我国航母福建舰上就装备了这种弹射器，

它是怎样推动飞机起飞的呢？

电流方向
电磁场方向
电磁力方向
弹 药
这叫作“左手定则”，能判断通电的物体在磁场中受力的方向，是电磁学中非常重要的知识。

妙用左手定则，判断飞机被弹射时的电磁力方向。

①将左手伸展开，让弹射滑轨内侧的电磁场垂直穿过手心；

②四根手指伸直，指向电流方向；

③拇指水平张开，与其余四指呈 90° 角，此时拇指的指向就是电磁力的方向。

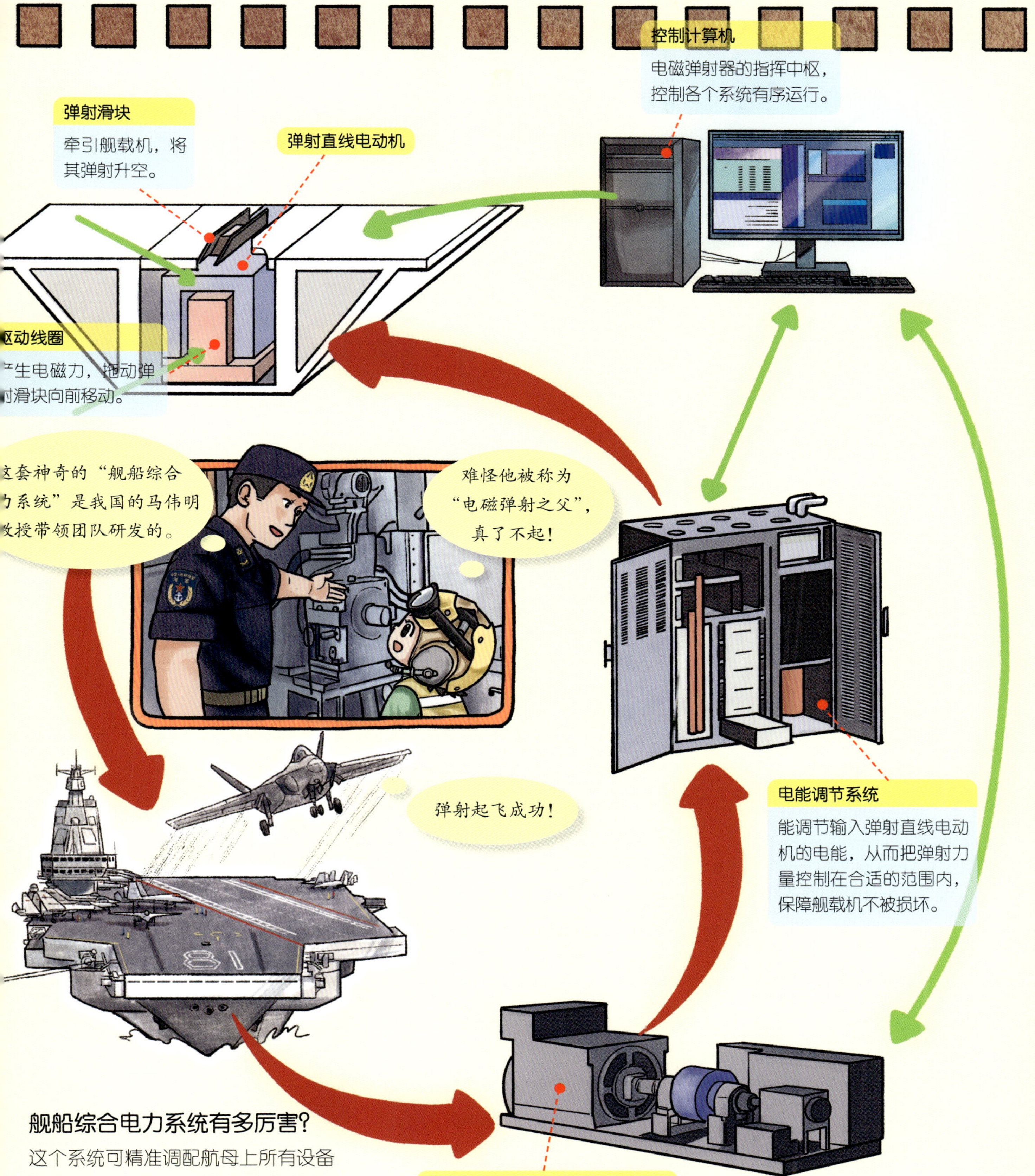

控制计算机
电磁弹射器的指挥中枢，控制各个系统有序运行。
弹射滑块
牵引舰载机，将其弹射升空。
弹射直线电动机
区动线圈
生电磁力，推动弹
滑块向前移动。
套神奇的“舰船综合
系统”是我国的马伟明
授带领团队研发的。
难怪他被称为“电磁弹射之父”，真了不起！
弹射起飞成功！
电能调节系统
能调节输入弹射直线电动机的电能，从而把弹射力量控制在合适的范围内，保障舰载机不被损坏。
电力储能装置
可储存弹射器弹射飞机时释放的多余电能，留待下一次弹射使用。

舰船综合电力系统有多厉害?

这个系统可精准调配航母上所有设备的用电量，通过计算机为动力系统、照明系统、舰载武器等输送强大的电能，让航母能瞬间启动电磁弹射装置。

成立100周年
只有安装了可靠的
发动机，舰载机才能
拥有更强的战斗力！

新型国产涡扇发动机

代号“太行”，曾在中国航展上惊艳亮相，是我国国产战斗机可靠的“中国心”。

滑跃起飞，“飞鲨”腾空！

舰载机除了借助弹射器起飞，还可以利用滑跃式甲板进行滑跃起飞。我国航母辽宁舰和山东舰就装有向上翘起的滑跃式甲板。

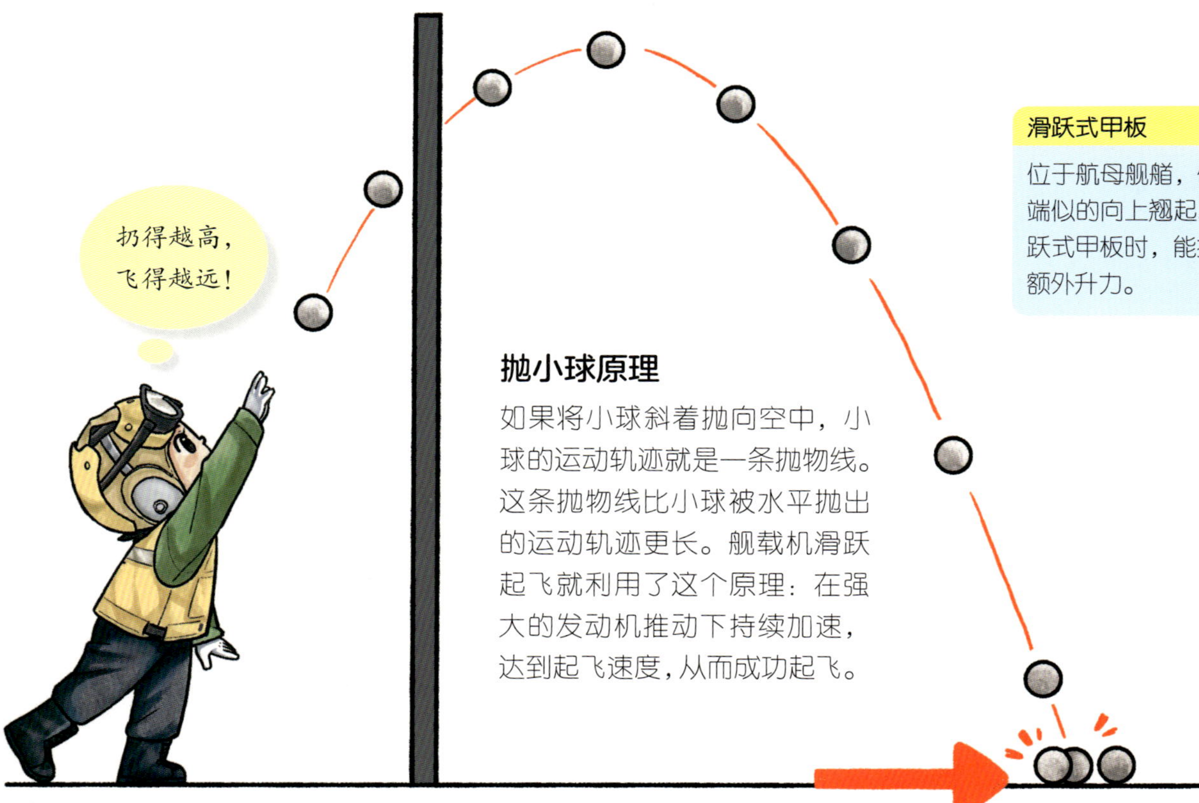
扔得越高，
飞得越远！

抛小球原理

如果将小球斜着抛向空中，小球的运动轨迹就是一条抛物线。这条抛物线比小球被水平抛出的运动轨迹更长。舰载机滑跃起飞就利用了这个原理：在强大的发动机推动下持续加速，达到起飞速度，从而成功起飞。

滑跃式甲板

位于航母舰艏，像滑雪板的前端似的向上翘起。飞机通过滑跃式甲板时，能抬起机头获得额外升力。

滑跃起飞

飞机在不依赖弹射器的情况下，利用航母的滑跃式甲板获得足够的速度和升力，仅凭自身动力完成起飞。

甲板识别舷号

拥有多艘航母的国家，通常会在航母的飞行甲板上涂刷巨大醒目的舷号，以便舰载机飞行员从空中迅速辨别自身所属航母，避免错降到其他航母的飞行甲板上。

报告塔台，
起飞速度正常，保持
当前姿态爬升！
唰——
16
安全拦阻网
起飞标识线

鸭翼
又称前置翼，为舰载机提供额外的升力，使其能在更短的距离内起飞。
襟副翼
是一种把飞机襟翼和副翼合并在一起的装置，在飞机降落时可起到增加升力、辅助减速的作用。

盘旋等待

舰载机进入航母左舷空域的等待航线，略收油门保持绕圈飞行，缓慢降低速度和高度。

进入着舰航线

舰载机从航母右后方进入着舰航线减速，放下尾钩、起落架、襟副翼等核对着舰清单。

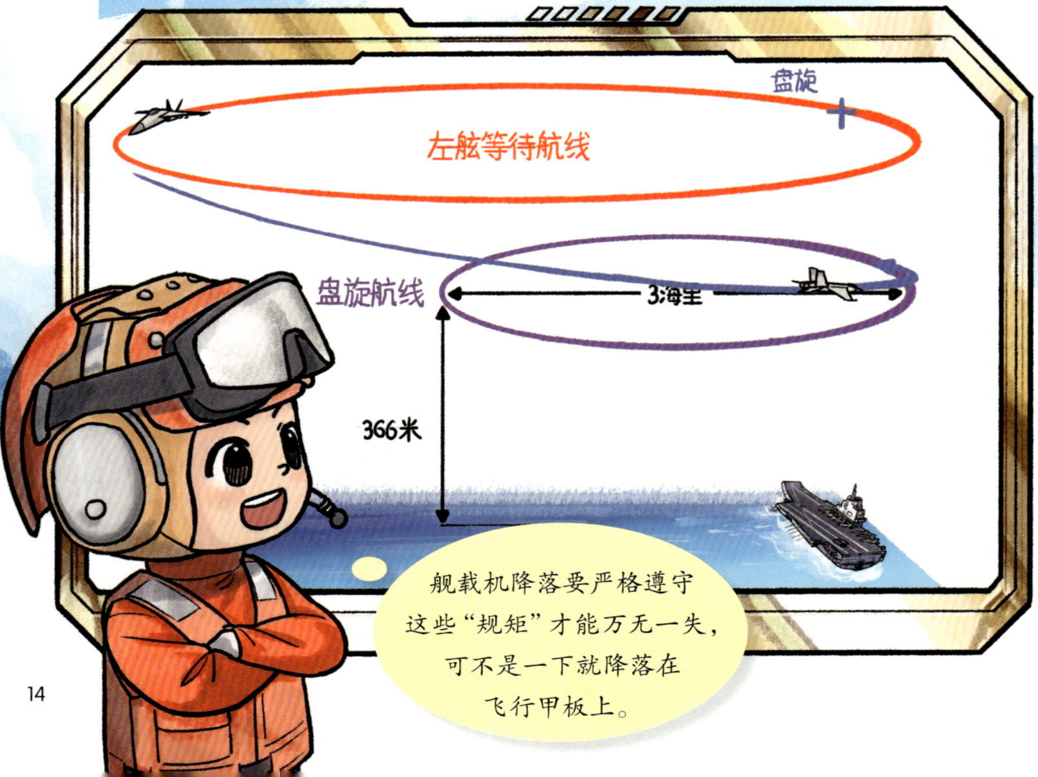

盘旋
左舷等待航线
盘旋航线
3海里
366米
舰载机降落要严格遵守这些“规矩”才能万无一失，可不是一下就降落在飞行甲板上。

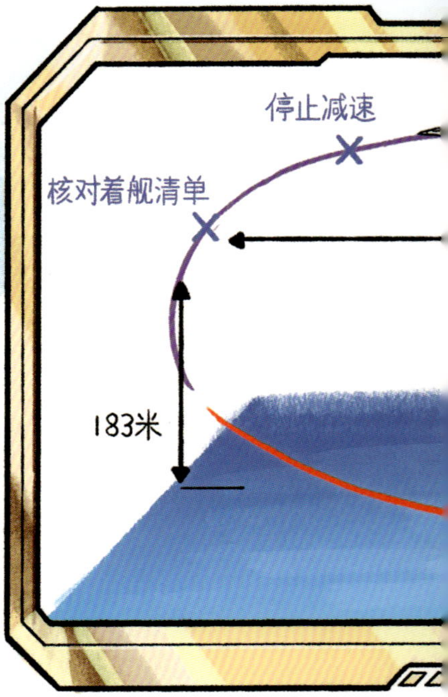

停止减速
核对着舰清单
183米

舰载机返航有“规矩”

对舰载机飞行员来说，起飞是一项很大的考验，降落同样是一项需要攻克的难关。降落时，飞行员不仅需要进行上千个精细操作，还要严格遵守既定的着舰流程。

前起落架舱盖

能收纳前起落架的特殊舱盖，通常分为“单开门”与“双开门”两种。由特殊的强化材料制成，能承受巨大的冲击力。

如果遇到恶劣天气或在夜间降落，为了飞行安全，就需要执行更复杂的着舰流程。

准备降落

飞行员须确认飞机处于安全的高度和速度，对准飞行甲板跑道准备降落，并与着舰指挥官保持联系，确保飞机顺利降落。

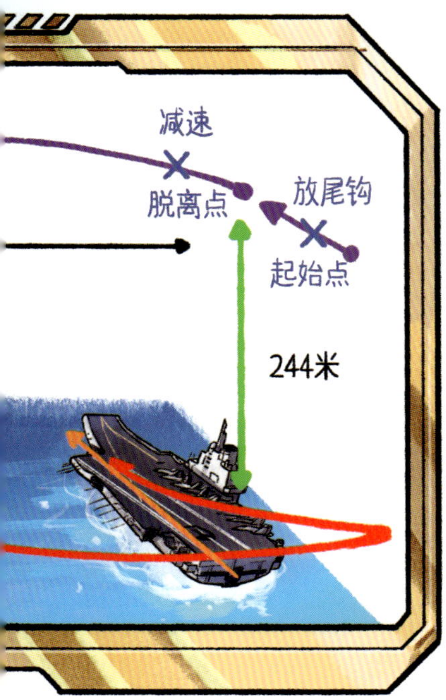

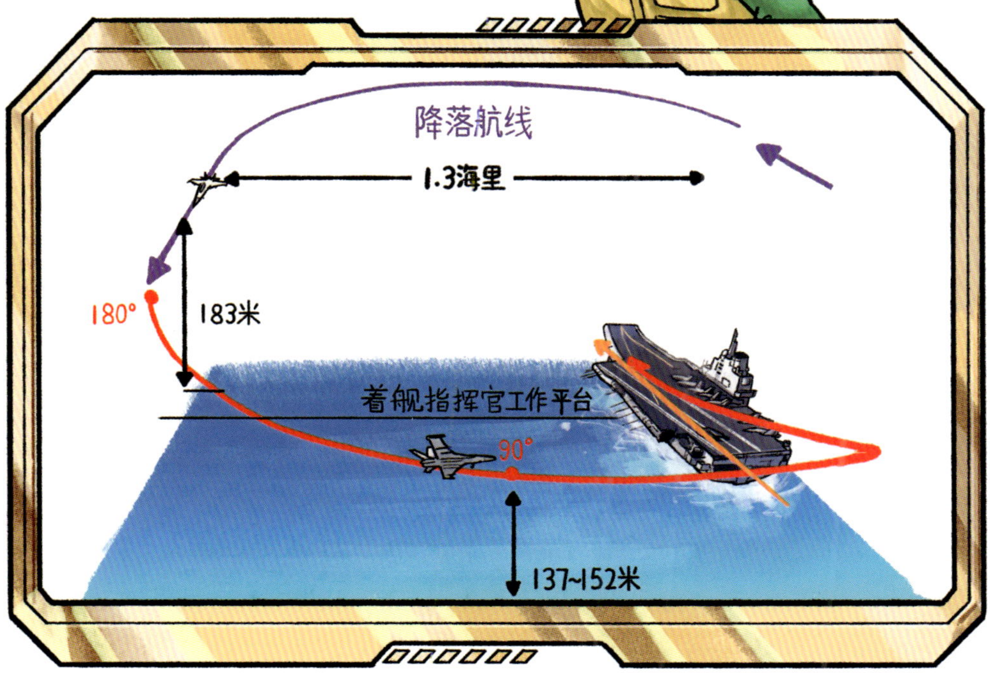

神奇的五彩信号灯——着舰辅助设备

此时，舰载机的机头对准了斜角甲板，跑道的降落标识线也变得清晰可见。接下来，就要依靠神奇的五彩信号灯来辅助降落了！

光学助降系统

相当于航母上的“交通信号灯”，用来指引舰载机安全着舰。它能发出带颜色的光束。舰载机只有处于正确的下滑道上，才能看到降落指示信号。

基准灯

发出绿色光，能为飞行员指示正确的着舰角度。

切断灯

发出绿色光，告知飞行员飞行甲板一切正常，允许降落。

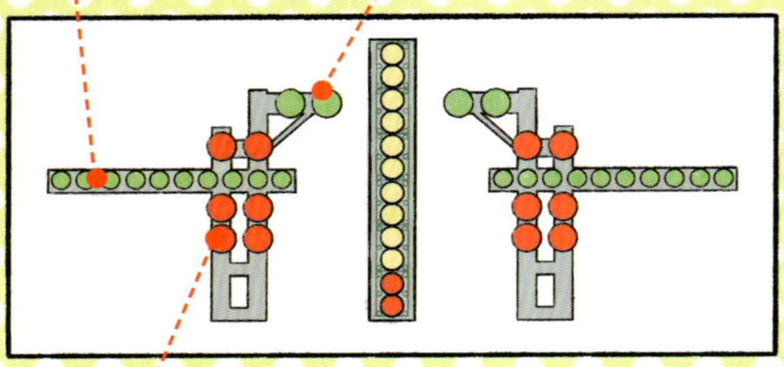

禁降复飞灯

发出红色闪光，警告飞行员停止下降，立刻复飞。

着舰指挥工作站

舰载机的着舰指挥中心，视野开阔，用来引导飞机着舰。

降落标识

没想到这个“小发明”帮了舰载机飞行员一个大忙！
听说光学助降系统的发明灵感来源于化妆镜。

什么是迎角？

飞机的头部与气流方向的夹角，是判定飞机飞行姿态的一项重要数据。

迎角指示器

位于舰载机座舱内平视显示器的一侧，协助飞行员调整飞行姿态。

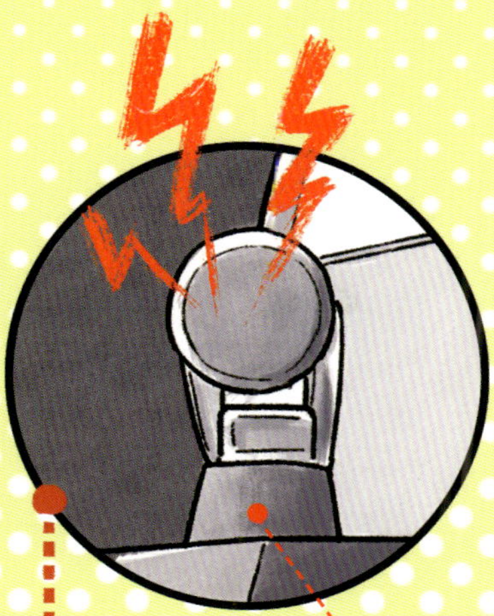

着舰引导雷达

位于舰桥后方，可结合航母航行的轨迹，计算出舰载机着舰的最佳路线，并将路线、误差等信息发送给舰载机。

平视显示器

能将飞行信息投射到飞行员视野前方的透镜上，让飞行员在起飞、降落或战斗时能集中注意力操控飞机，不用频繁低头看仪表。

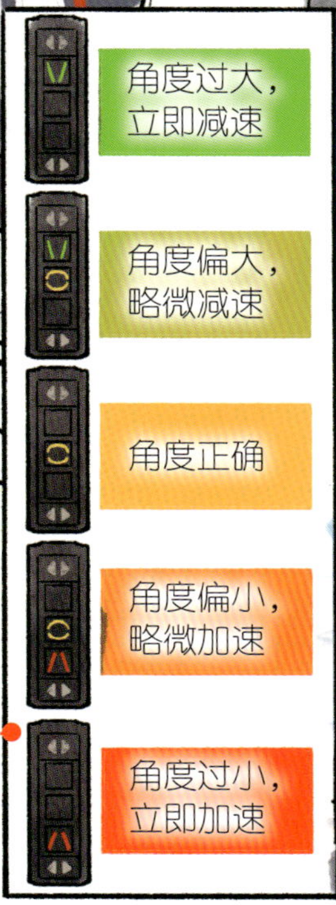

角度过大，立即减速
角度偏大，略微减速
角度正确
角度偏小，略微加速
角度过小，立即加速

舰载机降落时的操作精细程度堪比在刀尖上跳舞。

甲板“引路人”——着舰指挥官

舰载机着舰时，除了辅助降落设施在不间断引导，
还有一群经验丰富的军官在飞行甲板上指挥着飞行员。
舰载机的安全降落，离不开他们的指引。

怎样成为一名着舰指挥官？

①成为优秀的舰载机飞行员，获得着舰资格；
②通过舰上指挥训练考核；
③拥有相关知识和强大的心理承受能力，能冷静处理各种突发情况。
满足这些条件后，还要完成规定次数的实际操作，才能成为一名合格的着舰指挥官。

调运
调运
降落姿态平稳，这下着舰指挥官们可以放心了！

最高指挥权

舰载机着舰的过程中，着舰指挥官拥有最高等级的指挥权。飞行员如果不按照着舰指挥官的指令操作，将面临十分严厉的处罚，甚至会被取消飞行资格。

这些设施也是
舰载机能在恶劣天气下
降落的关键。

封闭式降落指挥舱
遇到恶劣天气，着舰指挥官会进入封闭式降落指挥舱执行指挥任务。
开放式降落指挥舱

着舰指挥官
负责指挥高速飞行的舰载机精准挂上拦阻索，引导舰载机安全着舰。
确认起落架已放下，
允许着舰。
速度过慢，
立即加大油门，
控制速度。

手语：展开机翼
双手交叉于胸前，再向身体两侧展开，反复挥动。

“航母 style”，不止一种！

或许你已经知道，航母上有一种“走你”的手势。

这是地勤人员的指挥手语，人们亲切地称它为“航母 style”。

下面我们就来学习一些常见的指挥手语吧！

航母飞行甲板上噪声非常大，因此地勤人员需要使用手语交流。
夜间指挥：放下牵引杆
左臂前伸，右臂向上弯曲，手握发红色光的指挥棒，指挥棒与手臂方向大致保持一致。
手语：由我指挥
高举右手，掌心向前。

手语：解开系留索
右臂放在胸前上下挥动。
这个手势是广为人知的“航母 style”。它意味着舰载机可以起飞！
触舰复飞
舰载机降落时遇到危险采取的紧急拉升动作，能让飞机立即重新起飞，是舰载机飞行员必须掌握的避险技能之一。
手语：移交指挥权
双手做出指示的姿势，沿身体一侧指向下一名地勤人员。
手语：撤掉轮挡
双臂置于身体两侧，掌心向前，拇指向外，挥动手臂。

加固起落架
舰载机着舰瞬间，几乎相当于“砸”在飞行甲板上，因此与普通战斗机相比，舰载机的起落架还需要进行特殊的加固。
拦阻索
航母飞行甲板上的拦截装置。舰载机钩住拦阻索后，会在短短数秒内减速至零。

拦阻索未使用时，飞行甲板下方的大型液压减速活塞处于正常位置。

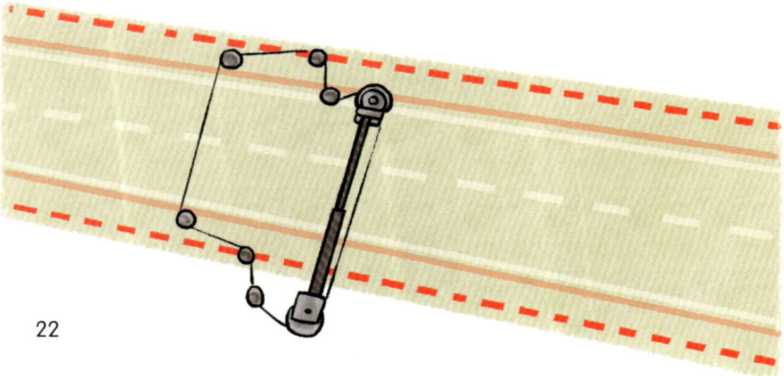

舰载机钩住拦阻索后，传动装置迅速压缩飞行甲板下方的活塞，吸收舰载机的强大冲击力，起到缓冲作用。

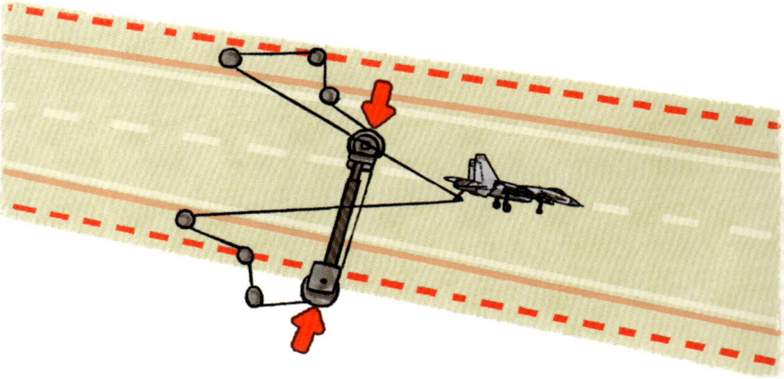

航母上的“生命线”——拦阻索

“唰——哐当！”舰载机的起落架精准地落到航母的飞行甲板上。
机尾处放下的尾钩立即钩住甲板上的拦阻索。
仅仅数秒，被拦阻索拉住的飞机就稳稳地停了下来，圆满降落。

舰载机着舰可能遇到的危险

①着舰速度过快，机头仰起角度过高，飞机触舰时容易承受过大的冲击力，直接摔在飞行甲板上造成事故；
②未钩住拦阻索，飞机应立即启动复飞程序，否则会冲出飞行甲板导致坠海；
③飞行轨迹过低，速度过慢，飞机容易撞上航母的尾部。

尾钩
装在舰载机尾部的重要部件，用来钩住航母上的拦阻索，能承受飞机重量数倍的拉力而不变形。
能拉住高速滑行的舰载机，让它停下来，这根钢索一定很特殊！
它用尼龙和高韧度钢丝编织而成，是航母飞行甲板上的“生命线”。

翱翔海空的勇士——海军航空兵

驾驶着舰载机叱咤海空的，是一群特殊的飞行员，他们来自我国强大的空中力量——海军航空兵。

驾驶战斗机从祖国
自己的航母上起飞，
是海军飞行员的梦想！

海军航空兵飞行臂章

以海军军旗为背景，中央是一只眼神锐利的雄鹰，雄鹰四周环绕“海军航空兵”的中英文字样。

海军航空兵与空军航空兵有什么不同？

海军航空兵和空军航空兵驾驶的机种基本类似，不同之处在于：空军航空兵的任务范围较广，涵盖了广袤国土的防空、对敌空袭、运输、侦察、空中预警等；海军航空兵的任务则侧重于歼灭敌方海上力量，掩护和支援己方舰艇的作战行动，保护己方海军基地、港口的安全，等等。

海军飞行头盔
与空军飞行员的头盔颜色不同，海军飞行员的头盔呈天蓝色，配有玻璃罩、滤光器和送话器等装置。
海军航空兵
隶属于中国人民解放军海军航空兵部队，承担着支援海军舰队远洋作战等任务。

舰载机，由你“指挥”！

我国首艘电磁弹射航母福建舰已进入海试阶段，许多新型舰载机会出现在它的飞行甲板上，它们的起降顺序关系着航母战斗力的发挥。让我们来玩一个“舰载机模拟指挥”的游戏吧！

好像不止一种填法，我们来好好思考一下吧。

任务说明：

福建舰搭载五类新型舰载机，数字 1~5 各代表一类舰载机。请选取正确的数字填入飞行甲板各区域的方块内，让每个区域各批次的数字相加都等于 18，这样甲板上的舰载机就能“有序出动”了！

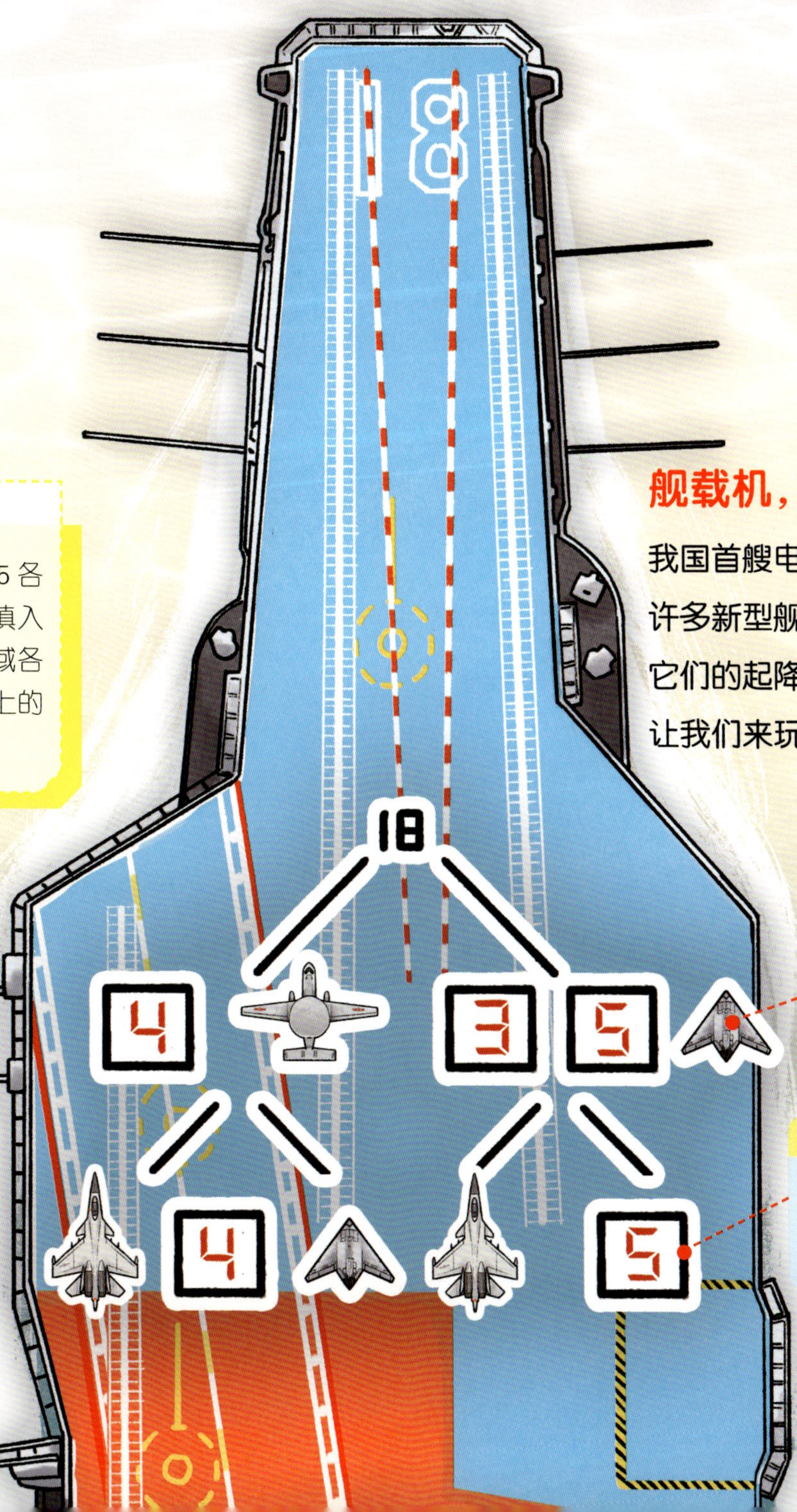

图中航母的飞行甲板分为前、中、后三个区域。每个区域须安排两批舰载机起飞。

第一批次

作战行动的先锋力量，出击队列中包含 1~2 架预警机，其余位置以舰载战斗机和无人机补充，让航母“先发制人”的第一轮攻击威力更强。

第二批次

作战行动的后备力量，出击队列中最多只允许安排一架预警机，如有必要，可派出 1~2 架直升机执行辅助任务。

优秀的航母舰长既是“战术大师”，也是“数字计算大师”！

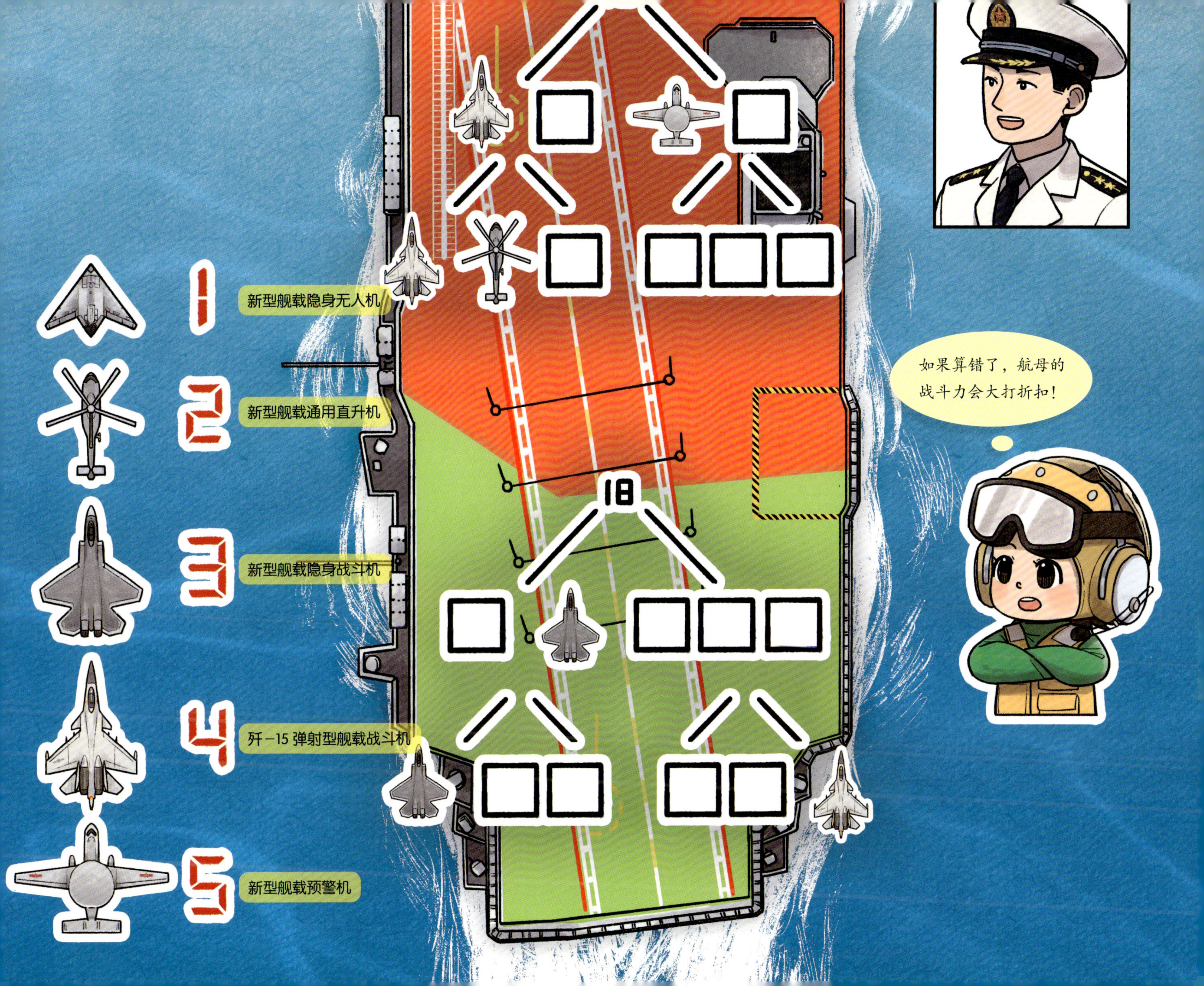
1 新型舰载隐身无人机
2 新型舰载通用直升机
3 新型舰载隐身战斗机
4 歼-15弹射型舰载战斗机
5 新型舰载预警机
18
如果算错了，航母的战斗力会大打折扣！

天空与大海的新征程

小朋友，你通过舰载机模拟指挥的考验了吗？
看！通过层层考核的飞行学员接过军衔命令状，
从此正式成为舰载机飞行员。
他们将驾驶舰载机穿梭于海空之间，
勇敢地迎接挑战，捍卫祖国领土安全！

授予你海军少尉军衔，恭喜你成为光荣的海军航空兵！
是！
随着祖国实力越来越强大，我们还会登上更大的航母，驾驶更先进的舰载机。

无人船，列阵！

马娟娟　王懿墨　屠正阳◎著　　东千兔兔　淳六六◎绘

北京科学技术出版社

任务开始！

四下寂静，全副武装的蛙人小队在我们的远程指挥下，跟随无人潜航器潜入港口，准备执行一项秘密任务。

任务紧急！务必紧随无人潜航器到达指定地点。潜行中要时刻保持静默！
这里危机四伏，要小心狡猾的敌人偷袭！

收到！已准备进入港口！

伪装货船
看起来像普通的货船，实际上船舱内藏着很多携带机枪等重武器的敌人。
折叠式水下侦察天线
折叠式通信桅杆
侧向喷水推进装置
圆形光电观察窗
无人潜航器
体型比普通潜艇小很多，在水底更安静、更灵活，非常适合执行侦察任务。
敌人的具体分布情况还不清楚，还要用智能遥控无人船和多用途无人作战艇进一步侦察。
已跟随无人潜航器进入警戒区域，做好战斗准备。

潜入港口侦察

据可靠情报，本次行动的目标——装有机密文件的保险箱，就藏在敌人的伪装货船上。为了完成任务，蛙人小队在无人潜航器的协助下悄然进港……

多用途无人作战艇
装备先进的自动导航雷达，在远程遥控下可以快速穿梭海面，可装备机枪、防空导弹等武器。
伪装货船
敌人重兵把守的营地
我方无人船
敌人可能布置暗哨的位置
我方蛙人小队
智能遥控无人船
小小的身体里有各种智能装备，能随时监测周围环境、水流和岸边情况。
我们是有备而来的！智能遥控无人船已传回敌人坐标，多用途无人作战艇也已绕到岛的另一侧侦察。

每天除了巡逻，
还是巡逻，真没劲！
别发牢骚，
提高警惕！
水面上好像
有东西漂过去……
难道是我眼花了？
看来，想要顺利登岛，
我们行动时不仅要干脆利落，
还得制定一个科学合理的战术！

暗流涌动，危机四伏

智能遥控无人船开启静音模式，悄悄抵近岸边隐蔽侦察。
敌人戒备森严，部署了武装巡逻艇，设下许多暗哨，
对港口进行严密监视。
我们如果贸然闯入，将十分危险……

水下步枪

专用于水下发射的步枪，上面有排水孔等特殊装置。

腕部智能通信设备

带有电子地图，具备语音通信、自动定位等多种功能的小型防水电脑，佩戴在手腕上。

蛙人小队训练有素，
希望他们成功潜入。
武装巡逻艇
负责近海防御、巡逻的小型武装船只。
消音手枪
带有消音器的手枪，蛙人在陆地上执行任务时使用，无法在水下使用。
战术匕首
不仅可手持进行近战搏斗，还可挂在步枪上作为刺刀使用。

已将整片海域扫描完毕，
信息同步给指挥中心，
武器系统做好准备……
远程控制台
控制台的功能真多！
我已经看得眼花缭乱了。
唰——
强力通信天线
有卫星通信、5G 数据传输等功能，可发射指挥信号，让多艘无人艇组成集群，配合作战。

“大白鲨”，来了！

伴随着马达的轰鸣声，一艘犹如大白鲨的装甲隐身无人艇在多用途无人作战艇的引导下驶入战场，增援蛙人小队。

这艘无人艇好像跃出水面的大白鲨。看，它身上还有“鳞片”呢！
多功能探测器
可侦察海面和空中的目标，指引无人艇自动规避障碍物，将海面上的情况传输给控制中心。
相控阵雷达
一种先进的雷达，原本只装备在大型驱逐舰、护卫舰上，现在也可装备于无人艇上。它不仅能增强无人艇的战斗力，还能与其他舰艇联动，完成远程舰队指挥任务。
防滑装甲
像鳞片一样附着在甲板上，能增强无人艇的防御能力，减弱敌人的雷达搜索信号，艇上载人时还可以起到防滑作用。
装甲隐身无人艇
装有能同时锁定上百个目标的先进雷达，配备多种武器，火力强劲，相当于一艘迷你护卫舰。

遥控多功能舰炮
装备一门小口径舰炮和两枚防空导弹，可以自动瞄准开火，而且射速快，能从海面向敌人的直升机、无人机等发起攻击。

伪装货船
武装巡逻艇

我怎么没看到无人艇上有武器？面对来势汹汹的敌人，它该如何应对？

装甲隐身无人艇，火力全开！

马上就要接近敌人的伪装货船了，突然，敌人隐藏在港湾内的武装巡逻艇朝我方快速袭来！

隐藏式鱼雷发射管
位于无人艇两侧，平时发射装置处于关闭状态，这样能从外观上隐藏自己，其外部的特殊涂装还能干扰敌人的侦察信号。

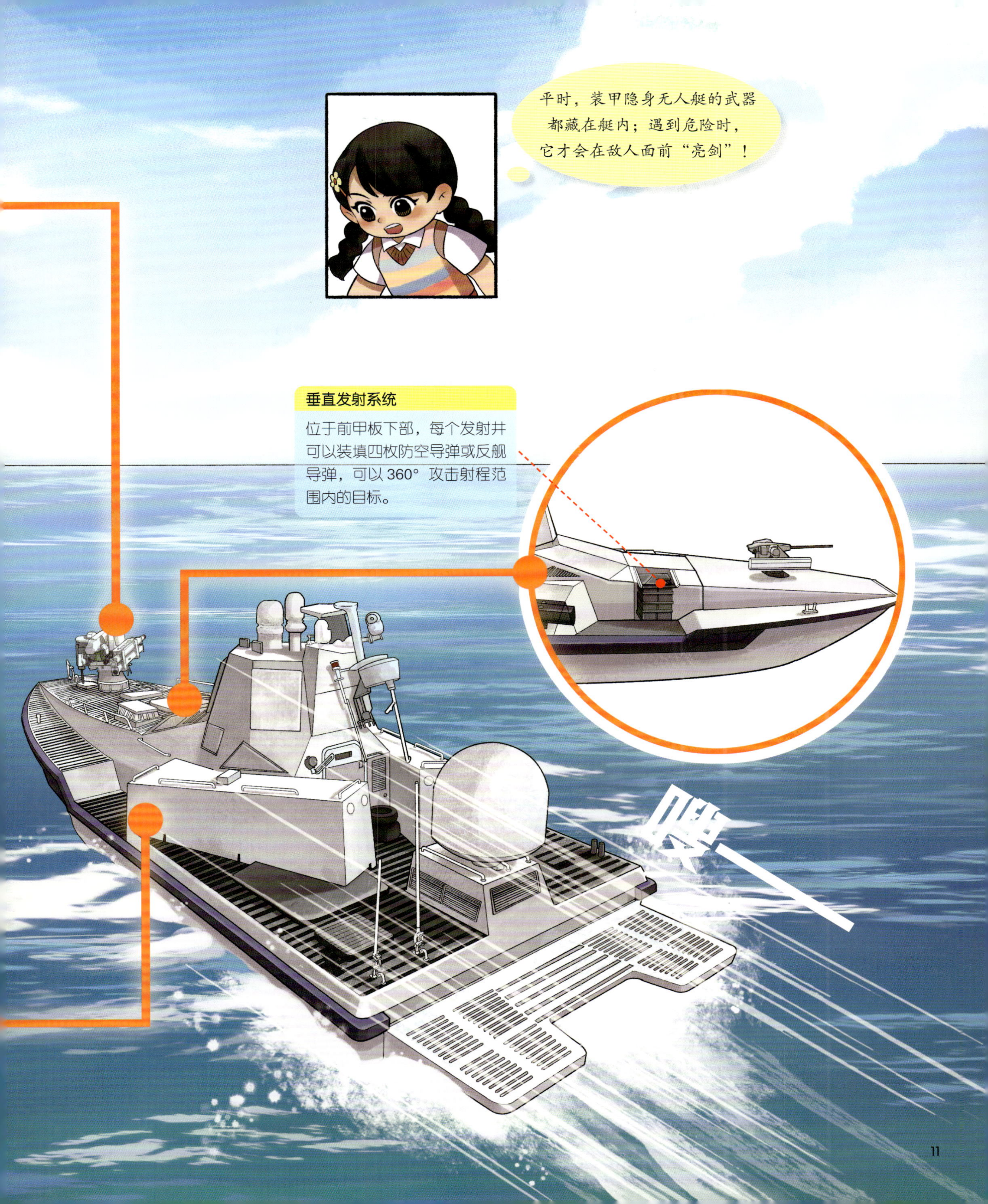
平时，装甲隐身无人艇的武器都藏在艇内；遇到危险时，它才会在敌人面前“亮剑”！
垂直发射系统
位于前甲板下部，每个发射井可以装填四枚防空导弹或反舰导弹，可以360° 攻击射程范围内的目标。

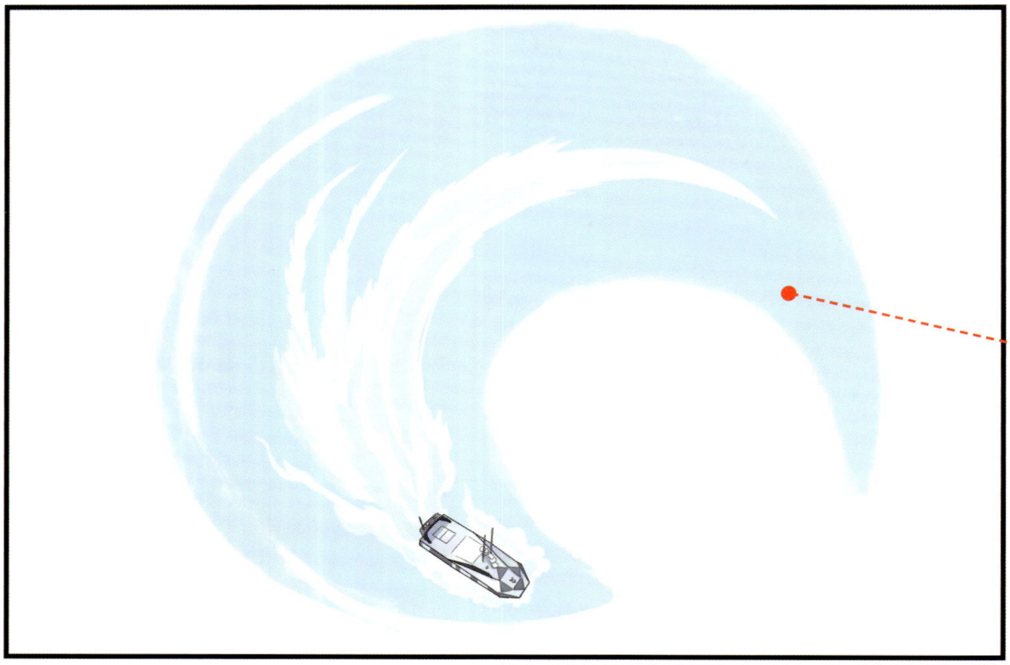
小半径回转
普通快艇转弯时要绕一个大圈，如果转弯过急，还有翻船的危险。但高速无人艇装有特殊设计的船舵，只要在水面上画一个小圈就能灵活转弯。

高速无人艇，出击！

敌人的武装巡逻艇暂时被牵制住了，但是他们的伪装货船准备逃跑。不用担心，我们出动了一支“奇兵”，它们已经全速赶来了！

高速无人艇群
已经将敌人包围了！
这支“奇兵”是通过
人工智能指挥系统
自动作战的。
智能高速无人艇
拥有全智能工作模式，可自主规划行驶路径、躲避障碍，还能携带光电探测仪、声呐等设备及轻型武器，可执行情报收集或反潜任务。
隐身船体
船体采用多棱面设计，涂刷灰色海洋迷彩，可实现雷达和光学双重隐身。

全自动哨兵模式

高速警戒无人艇采用自动追踪锁定目标的工作模式，即便在夜间漆黑的海面上，也能自动锁定敌人，精准射击。

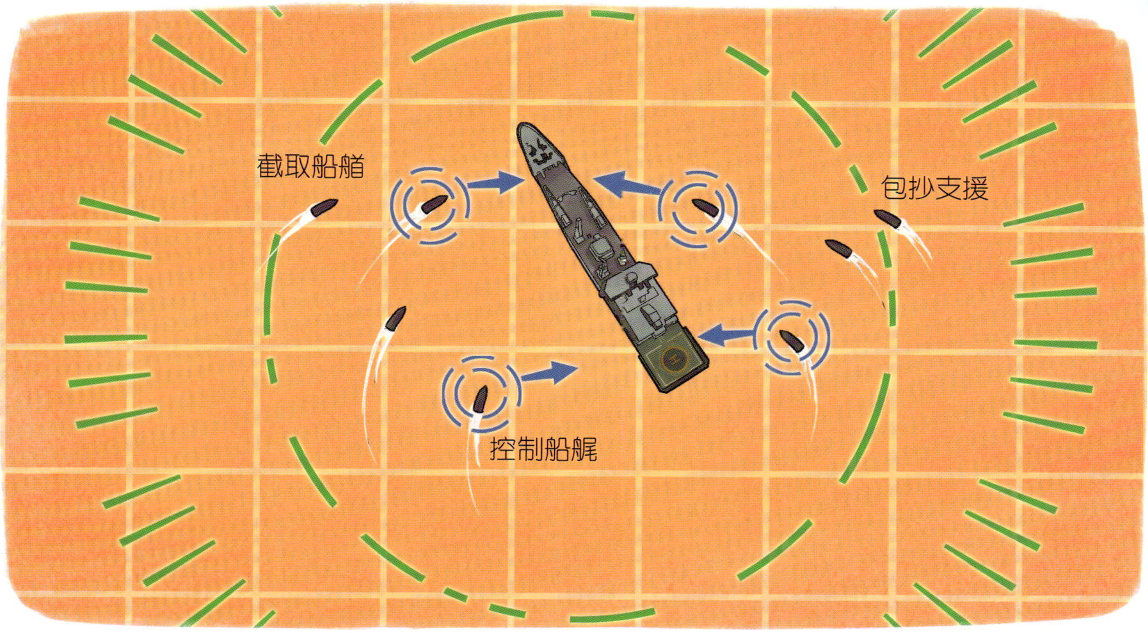
截取船艏
包抄支援
控制船艉

对舰干扰雷达

能让敌方来袭的反舰导弹无法找到正确目标，只能像没头苍蝇一样乱飞，最后栽进大海。

遥控武器站

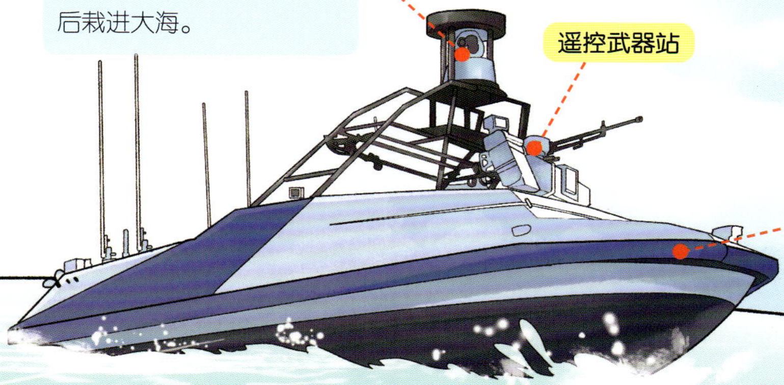

高速警戒无人艇

可在有人模式与无人模式之间自由切换，装有大口径机枪等武器。艇体由防弹纤维制成，普通子弹很难将其打穿。

有智慧的无人船

无人船的“智慧”得益于人工智能指挥系统。这一系统可根据敌方船只的逃窜方向，自动对无人艇群进行分组，使其从不同方向拦截，同时计算敌方武器装备，指挥无人艇群发动攻击。

敌人的伪装货船被包围了，
我们赶紧去找保险箱！

咕噜噜……
不好！保险箱落到海底深处了！
主船体
三体隐身无人艇的主体部分，里面装有动力系统、电力系统等，船头还装有水下声呐。
穿浪型船艏
也叫内倾型船艏，外形细长，可有效减小航行阻力，加快航速，降低噪声。

三体隐身无人艇，出动！

在无人艇群的重重包围之下，敌人的伪装货船慌不择路，触礁沉没。
我们要找的装着机密文件的保险箱也落入了茫茫大海。
这时，三体隐身无人艇也赶来支援了。

电子综合雷达
能搜寻敌方舰艇，为我方导弹指引目标的多种雷达。它的外面有一个特殊材料制成的大罩子，能大大降低被敌方发现的概率。
侧船体
帮助无人艇在高速航行时保持平衡的装置，能起到与自行车辅助轮一样的作用。
它的速度真快！就像一把长长的利剑在海上划出浪花！
听说它能 24 小时不休息，持续航行上万海里，就算是台风天也能出海执行任务。
三体隐身无人艇
集各种高科技手段于一身的“海上猎手”，可代替军舰执行反潜、侦察、巡航等任务，不仅速度快，具备较强的隐身功能，还可搭载无人直升机进行战斗。
三体隐身无人艇的优点：
有两个侧船体的辅助，三体隐身无人艇不仅增强了抵抗海浪的能力，还为无人机提供了充足的起降空间。

指挥天线塔
对无人机蜂群下达指令，传输情报数据的装置。
无人武装直升机
能在天上组成像蜂群一样的侦察小队，监视敌人的舰队，还能挂载小型导弹进行战斗。
搏鲨号无人机航母
船体扁平，前方甲板宽大，拥有五个无人机起降点，可供多架无人机同时起飞。
不久的将来，无人机航母将作为无人机蜂群的海上移动指挥中心，成为智能海空战队的指挥舰。

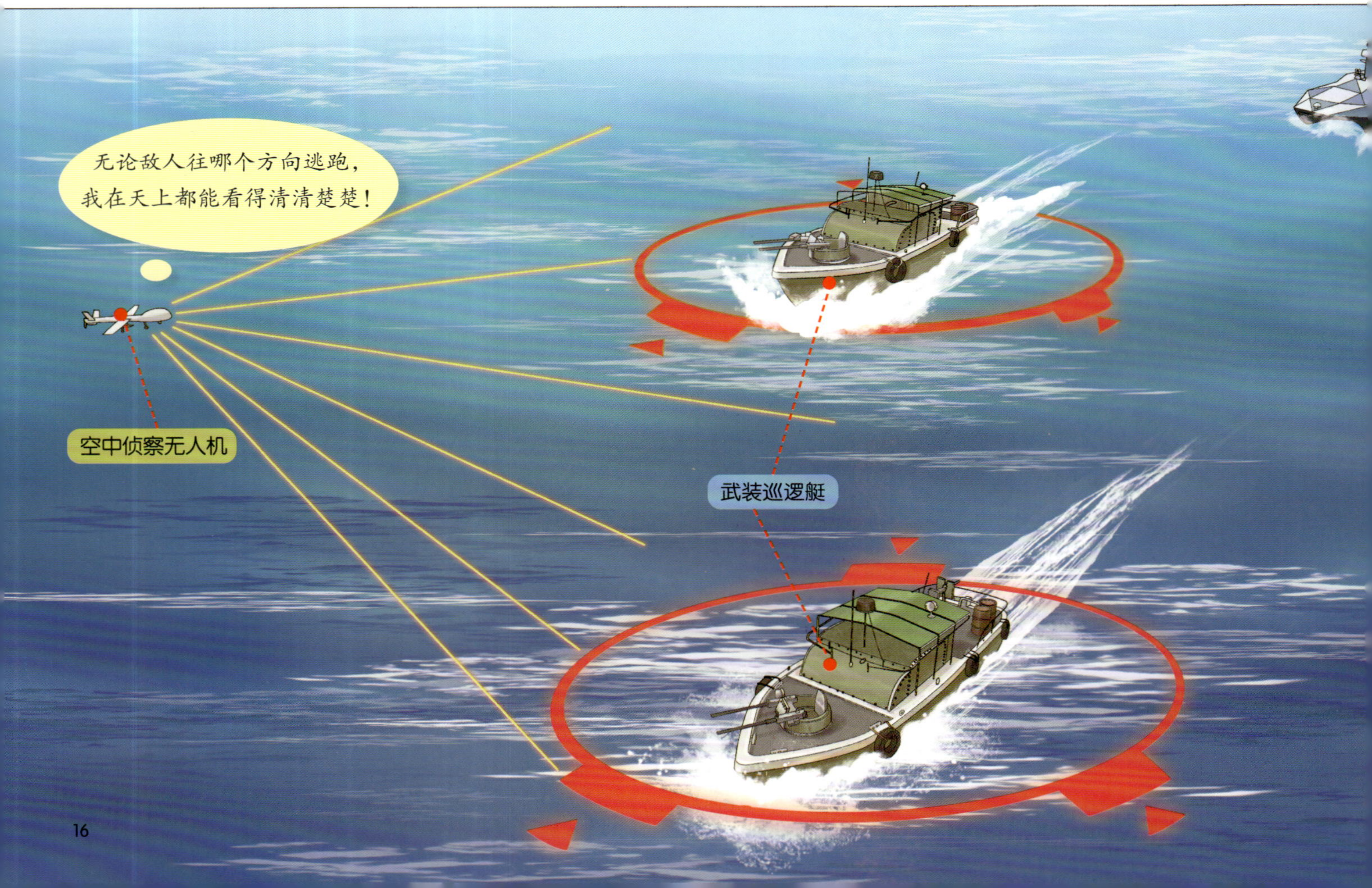
无论敌人往哪个方向逃跑，我在天上都能看得清清楚楚！
空中侦察无人机
武装巡逻艇

智能海空战队

我方无人艇群继续围捕敌方的武装巡逻艇，他们插翅难逃！

盘旋在空中的无人机也早已将他们锁定。

无人破障艇开始对海滩上的反登陆障碍进行爆破，为下一步行动做准备。

无人破障艇
能紧贴海岸线高速移动，可躲避敌方雷达。装备防搁浅系统，不会出现搁浅在浅滩上无法返回的情况。由于无人操作，它能够尽可能地靠近爆破目标，从而大大提高爆破精度。
反登陆障碍
破障弹
威力比重型炮弹要大得多，可以定时引爆。
发射破障弹，
炸毁反登陆障碍！
破障发射筒
弹药发射装置，能同时抛射几十枚破障弹，瞬间在海滩上炸出一条通路。

水陆两栖无人登陆艇，上岸！

敌人的海滩阵地已被摧毁，我们的登陆部队冲上滩头，冲在最前面的是一只威猛的“海蜥蜴”。

智能通信传感装置
连接北斗导航卫星，可根据陆地指挥部发出的情报自主寻找安全地带，躲避敌人进攻。出现故障时，能发出求救信号。
“四驱”履带
“海蜥蜴”有四条可自动升降的履带，每一条都能独立运转。“海蜥蜴”即使受损至只剩一条履带，依然能正常行驶。
航行时它把履带藏在身体里，上岸后放下履带，就能变成一辆威武的战车！

滩头的敌人
已经乱作一团。
我们一鼓作气，
端掉他们的老巢！

特制艇身

艇身采用铝合金材质，尽管加装防弹装甲，重量仍比普通登陆艇更轻，速度也更快。

“海蜥蜴”

我国首艘水陆两栖无人登陆艇，代号“海蜥蜴”。它使用两组先进的喷水推进装置，拥有水陆两用装备，配有导弹垂直发射装置和遥控机枪等武器，能通过智能化编队组团攻击目标。

“潜伏奇兵”

“海蜥蜴”被誉为“潜伏奇兵”，它具备隐蔽休眠能力，可以在目标岛屿附近“潜伏”近八个月，并可随时被激活，向敌人发动奇袭。

水下搜寻

保险箱沉入茫茫海底，该如何将它寻回呢？
别担心，与蛙人一同潜入海底的还有一支“无人搜寻队”，轮到它们大显身手了！

水下机械臂

能准确抓取深海物体，安装了防水的人造皮肤，让无人缆控潜水器拥有“触觉”，通过人工智能分辨抓取目标。

猎雷潜航器

一种用来对付水雷的无人潜航器，能利用声呐探测隐藏在海底的水雷，引导蛙人小队从安全区域通行。

无人缆控潜水器

装备温度计、生物采集器、水下机械臂、水下定位系统和深水超高清摄像头等先进设备，能下潜到几千米的海底，抓取重物。

咕噜噜……
目标信息核对完毕，准备进行抓取！

气象观测无人艇

可持续航行十几个小时，搭载多波段气象观测雷达，能对海上的云层、海雾等气象信息进行远距离监控，及时为海上的船只提供可靠的天气预报。

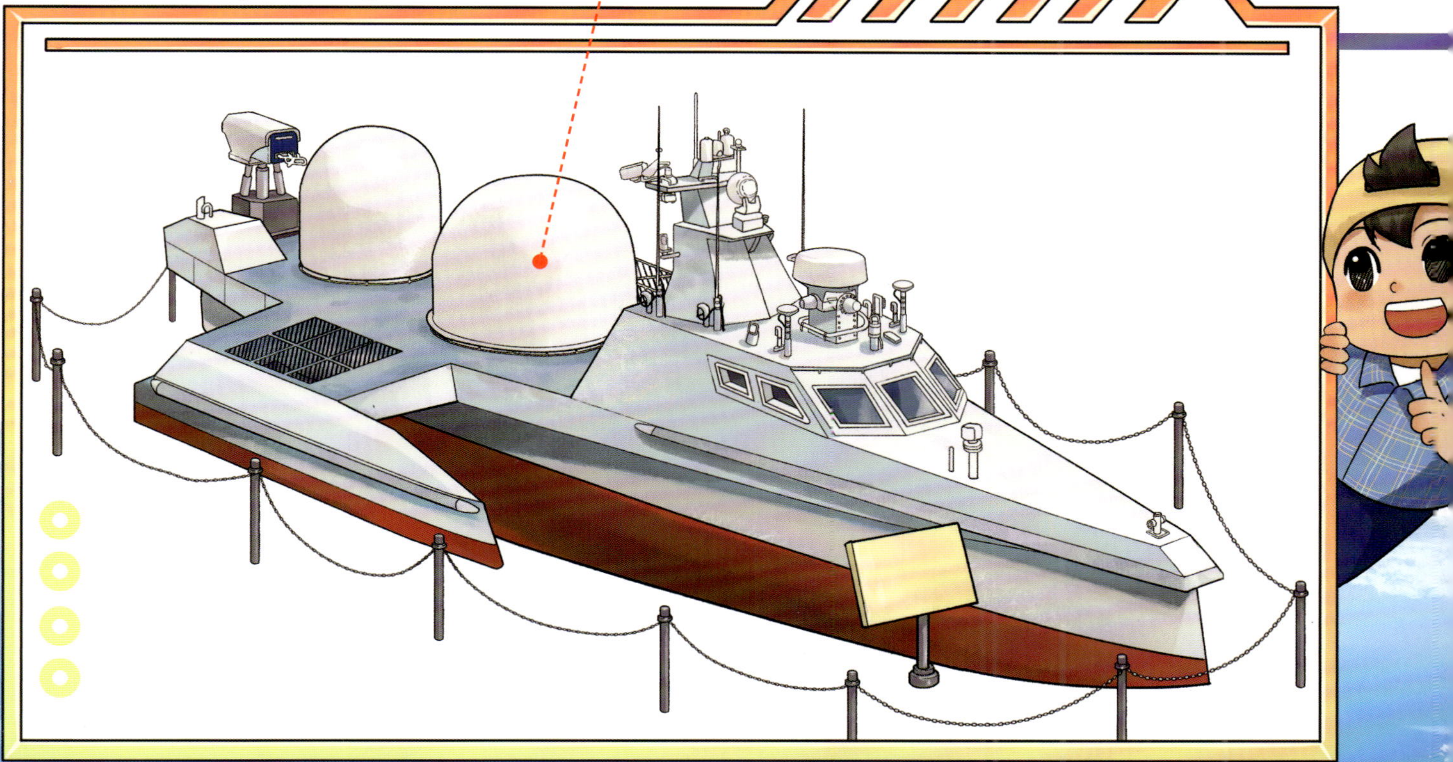

无人舰船集结

如今，在大海中遨游的无人舰船已不再罕见，让我们再来认识几种吧！

法国无人巡逻艇

借助柴油机驱动喷水推进装置获得动力，航速超过普通的驱逐舰。艇艉的甲板可以换载水面雷达、反潜声呐、反水雷装置等装备。

“鲨群”“蜂群”配合作战

海上的无人艇像凶猛的鲨群，
空中的无人机如密集的蜂群。
战场上，它们相互配合，
自动组建无人编队……

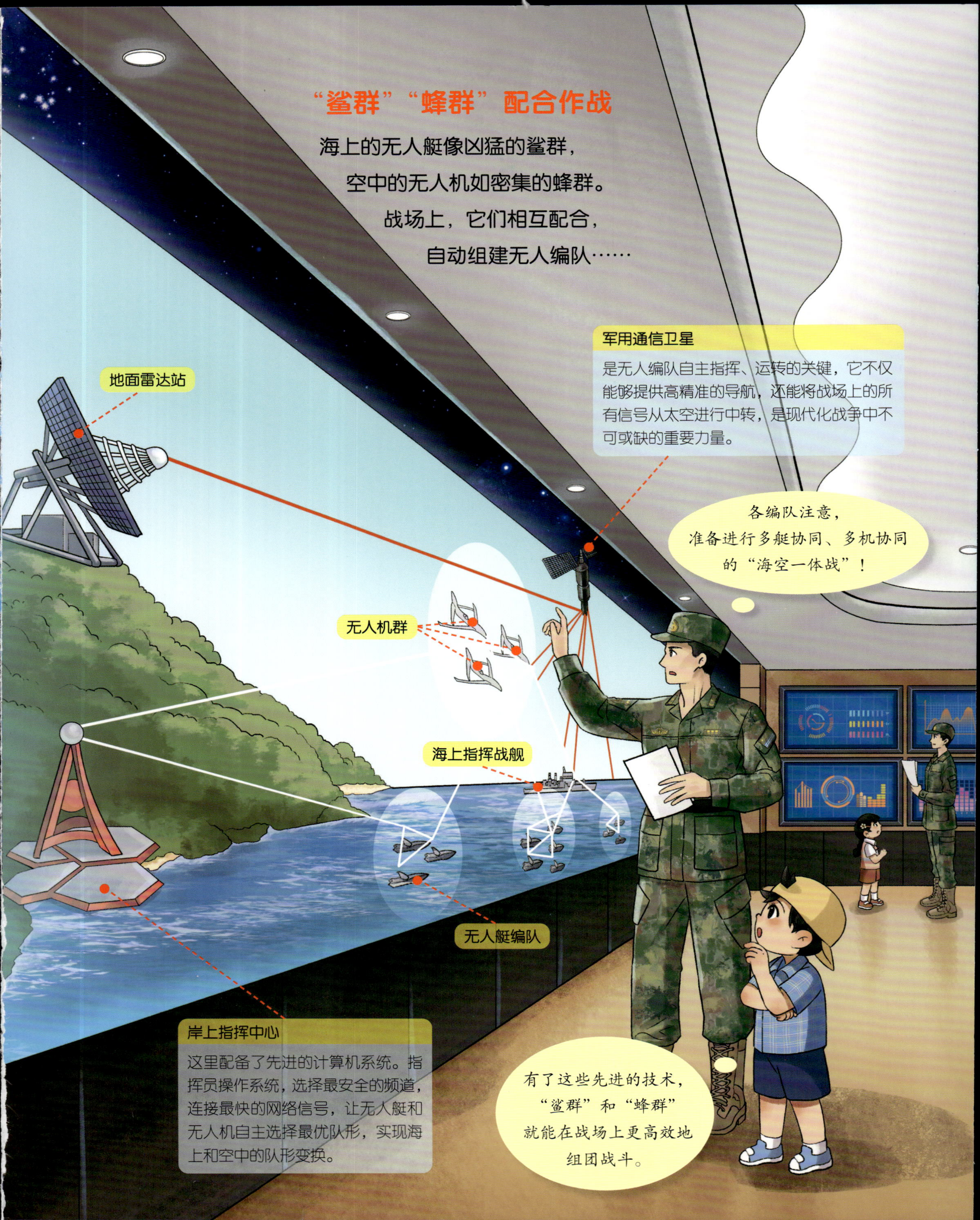

地面雷达站
军用通信卫星
是无人编队自主指挥、运转的关键，它不仅能够提供高精准的导航，还能将战场上的所有信号从太空进行中转，是现代化战争中不可或缺的重要力量。
各编队注意，准备进行多艇协同、多机协同的“海空一体战”！
无人机群
海上指挥战舰
无人艇编队
岸上指挥中心
这里配备了先进的计算机系统。指挥员操作系统，选择最安全的频道，连接最快的网络信号，让无人艇和无人机自主选择最优队形，实现海上和空中的队形变换。
有了这些先进的技术，“鲨群”和“蜂群”就能在战场上更高效地组团战斗。

在礁石缝隙中发现目标！
无人潜航器
多用途无人潜航器
可由搜救艇、驱逐舰等舰艇携带，能对深海目标进行全自动搜索和定位，拥有先进的水下通信技术，可实现超远距离无人操控。
有了这些无人潜航器，我们就可以探索神秘的海底了！
无人潜航器的水下声呐将海底的情况探测得清清楚楚，所有信息都实时显示在电子地图上。
我方无人潜航器
目标
我方蛙人位置

原来无人舰船不仅应用于军事领域，也为气象和科考事业做出了重大贡献。

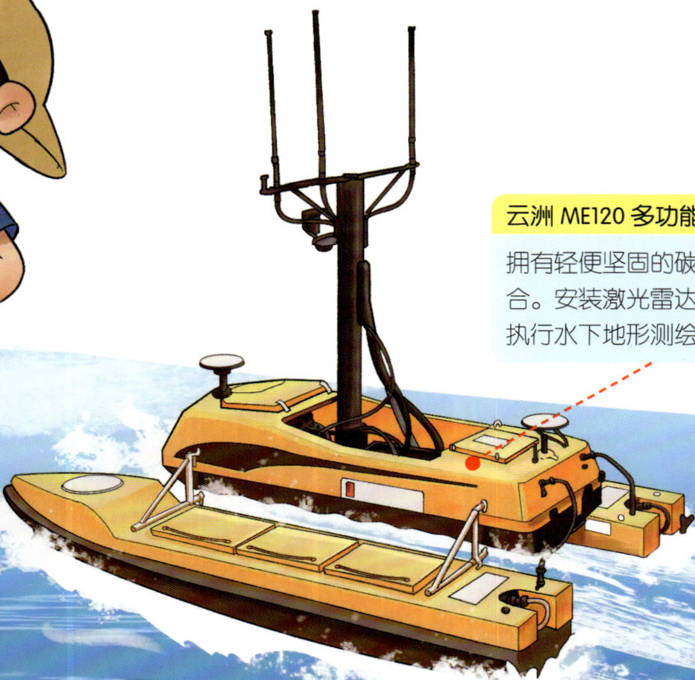

云洲 ME120 多功能无人船

拥有轻便坚固的碳纤维船身，可根据不同的用途快速拆装组合。安装激光雷达、侧扫声呐、声学流速剖面仪等设备，能执行水下地形测绘、水质取样监测等任务。

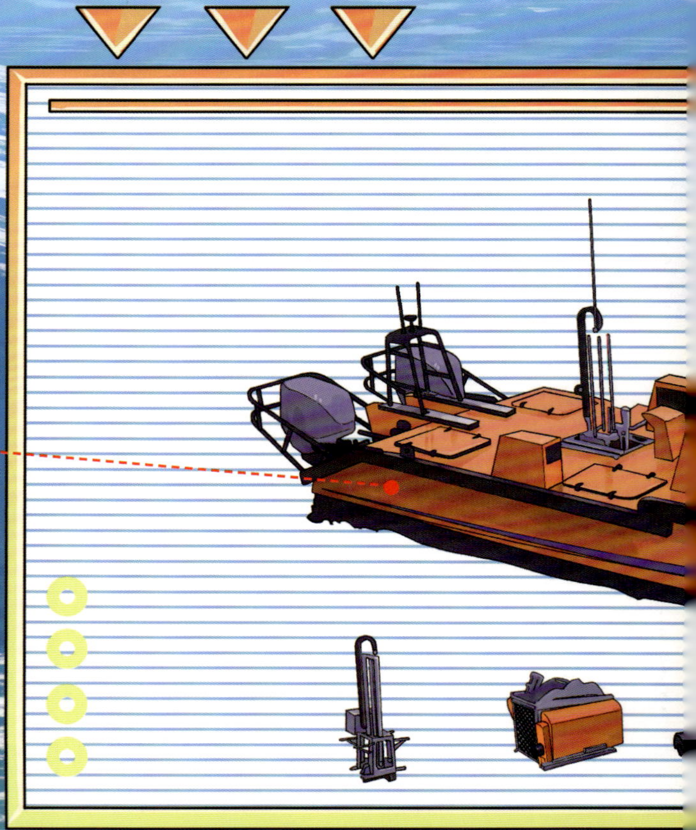

深远海多用途海洋测量无人船

广泛应用于多种海域的水下目标物搜寻、沉船打捞、航海保障等场景，可满足紧急情况下的水下探测需求。

无人艇编队已完成自动组建，
全速前进！

无人潜航器控制台

有多个智能触控大屏幕，显示无人潜航器的航行轨迹、剩余电量和武器携带数量等信息。操作员可通过潜航器传回的高清影像，以第一视角远程操控潜航器航行。

L90 小型海巡无人艇

一种应用人工智能技术的无人巡逻艇，可同时出动几十艘，配备了大功率喊话器、光电吊舱等装备，能自动识别非法进入领海的船只，对其喊话警告或采取包围战术将其驱离。

这些高科技舰船
会在各种展览中亮相，
大家记得多关注它们哟！

美国重型水下无人潜航器

重达 50 吨，能在水下连续航行上万千米，持续作业超过 6 个月。这种水下潜航器不需要母船伴随保障，可以凭借自身能力横穿大洋。

珠海云号智能无人科考船

具有自主航行功能和远程遥控功能的智能型无人海洋科考船，可搭载数十台无人机、无人船和无人潜航器，执行海洋测绘、海洋观测、海上巡检等综合性海洋调查任务，堪称智能化的“无人母船”。

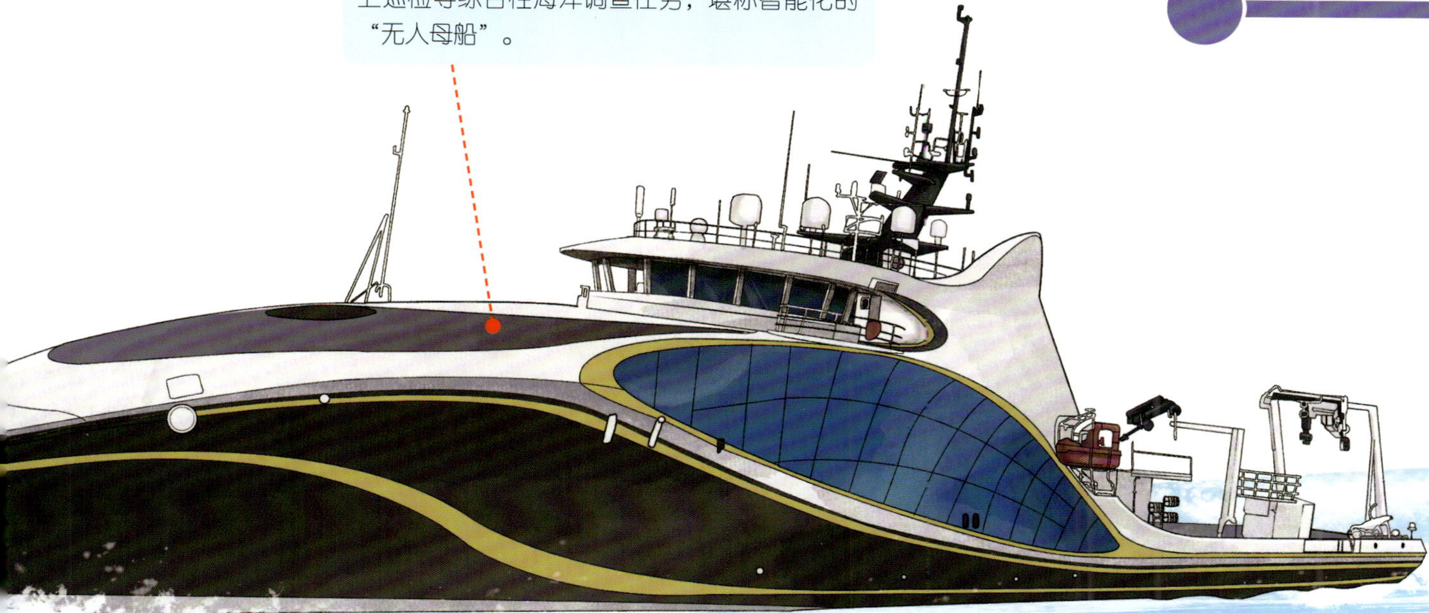

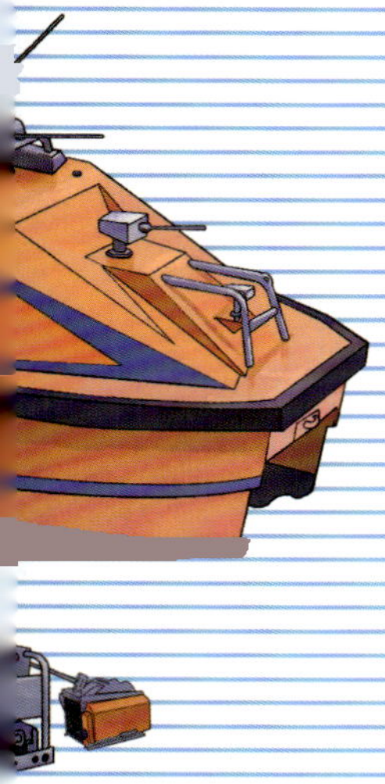

瑞典 SAM3 反水雷无人艇

双体结构的小型无人艇，仅用一台笔记本电脑就能操纵，可按规划好的搜索路线行驶，利用自身的水下声呐等设备探测水雷的位置。

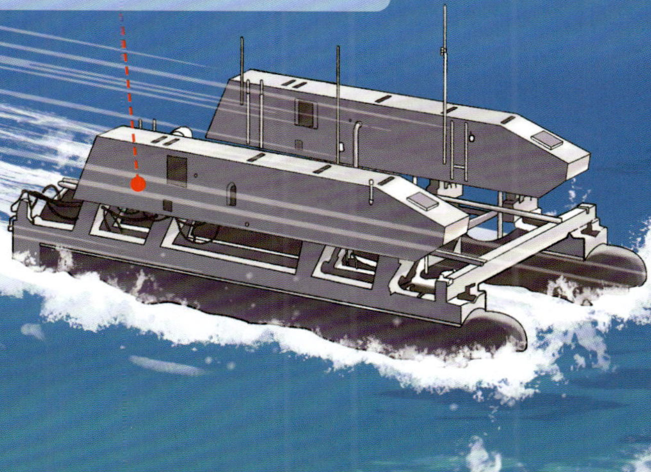

未来海战主力——无人船家族

无人船编队在海上变换着阵形，
向前冲锋！
它们智能又精准，将在未来海战中
乘风破浪，独当一面！

唰——
任务完成！随着技术的不断发展，未来中国的无人舰艇将会更加令人惊叹！

特种船，前进！

王懿墨　马娟娟　李耀耀◎著　　东千兔兔　胡佳宁◎绘

北京科学技术出版社

特种船，来了！

小朋友，或许你了解过航母、战舰、潜艇等各式各样的舰船，

但你知道吗，“舰船大家族”中还有一类样貌奇特、本领高强的船只，它就是——特种船。

民用半潜船
半潜船，顾名思义，就是有一半潜在水下航行的船。它水下部分的运行原理和潜艇类似，能在吸入海水后下沉，这样装载重物时可提供更大的浮力，因此能运输海上钻井平台、超大型船舶等重型设备。
这艘船真奇怪！怎么只有脑袋浮在海面上呢？

看！奇怪的船不止一种，
这里还有一种能从中间分开、
造型像剪刀的船呢！
特种吸油船
在清理海面油污时会从中间分开，好像在海面上张开的一把大剪刀，不仅能增加吸油面积，还能一边前进一边将海面上散落的油污吸得干干净净。

特种船的诞生地——造船厂

超大型船舶也是一类特种船，如大型集装箱船、豪华邮轮等。

走，让我们一起探秘它们的诞生地，见识一下那里先进的造船设备！

大型远洋运输船

排水量达几万吨，可用来运载海上钻井平台等重型设备，是辅助海洋工程施工的特种运输船。

想造出这些“海上巨无霸”，
不仅需要宽敞的造船场地，
还需要特殊的造船利器。

龙门式起重机

造船厂中力量最大的起重机械，门形的框架横跨上百米，能起吊几百吨甚至上千吨的船舶构件，是建造航空母舰等大型舰船的必备机械。

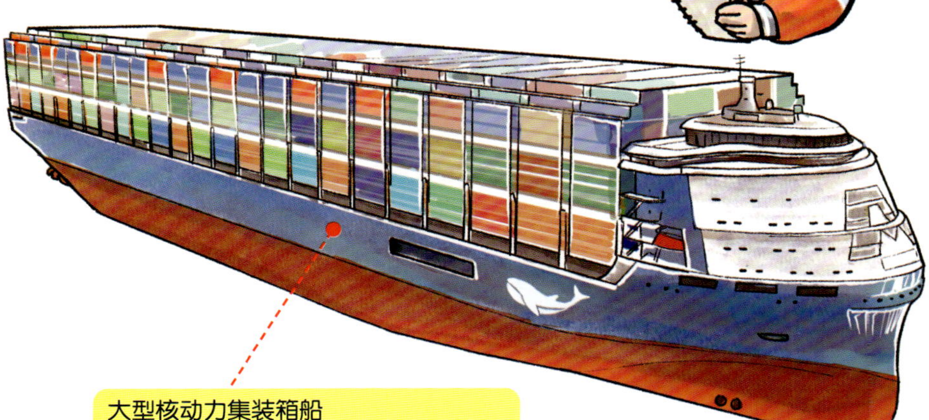

大型核动力集装箱船

由我国自主建造，能一口气运输两万多个集装箱的“海上巨兽”，排水量是世界上最大航空母舰的两倍以上。

大连造船厂干船坞

采用填海造陆的方式建造而成，长 370 米、宽 86 米，尺寸与现代大型航母相近，辽宁舰、山东舰先后在这里完成了建造，是我国航空母舰的摇篮之一。

能同时见到我国两艘航母在一座造船厂内施工，这可是千载难逢的机会呀！
施工中的航母辽宁舰
施工中的航母山东舰
门座式起重机
港口装卸货物、起吊船舶构件的大型机械，通常装在船坞两侧，可精准安装设备，进行船体拼接作业。
舾装
船体主结构搭建完成后，安装通风、电气、管路和其他船舶设备的工作，是建造船舶的重要环节。
航母保障船
为航母提供各类物资、培训舰员、保障舰员正常生活的特种船，可供几千名航母舰员在船上生活近一个月，被称为航母的“保姆”。

海上大力士——军用半潜船

半潜船除了民用外，其军事用途也很广泛，
我们的海军就装备了这种神奇的特种船。
快看，它巨大的钢铁身躯就停靠在军港的码头！

新型军用半潜船
海军执行运输和特种作战任务的重要装备，可运输潜艇、中型战舰等重武器，是名副其实的“大力士”，其宽阔的甲板能潜入水下，并可在甲板上对受损的军舰进行临时抢修。
特制船锚
由耐磨损、耐腐蚀、硬度高的特种钢制成，有一对巨大的锚爪，产生的抓力是其他同重量船锚的两倍。
原来海军除了作战用的军舰，还装备了特种船啊！
听说最早的特种船就来自海军，它们可是海军的重要装备。
半潜船特殊码头
整座码头就像一个能容纳半潜船庞大身躯的“大浴缸”，虽然位置靠近岸边，但水位很深，风浪也小，配备了加固缆绳等辅助停船设备。

中国人民解放军海军夏季常服
白色短袖上衣配长裤或裙装，胸前佩戴勋表、姓名牌和海军胸章，具有很强的识别性。

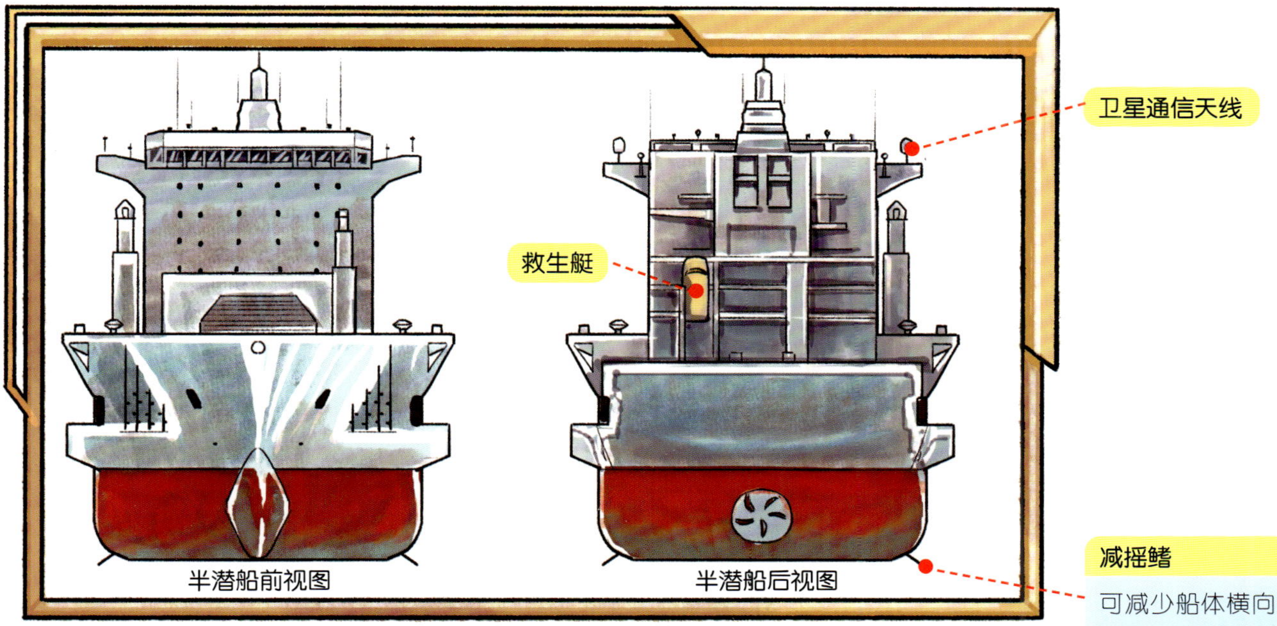
卫星通信天线
救生艇
半潜船前视图
半潜船后视图

减摇鳍

可减少船体横向摇晃的装置，安装在船中央两侧。它的设计灵感来源于鱼鳍，能帮助船舶在狂风巨浪中保持平衡，且航速越高，平衡效果越好。

舰船搬运工，出发！

军用半潜船不仅是海上的“搬运工”，还能搭载运送登陆部队的大型气垫船，可在两栖作战中大显身手。

半潜船的大甲板用途很多，既能搭载气垫船，又能供多架直升机起降。

如何用锚固定船只？

①确定水深，用绞盘放出水深 4~6 倍长度的锚链；
②将船开到合适的区域，缓慢放锚；
③锚触到海底，锚爪扎进泥土，锚链平铺在海底；
④通过锚爪的抓力、锚链和海底接触的摩擦力的共同作用，将船只固定住。

半潜船凭借优秀的运输能力脱颖而出，甚至可以和其他战舰配合，达到出奇制胜的效果。

航海雷达
前桅杆
特制船锚
可折叠吊臂起重机
半潜船上的多动作起重机械，吊臂可以自如收放，用来垂直吊升或水平搬运甲板上的重型装备。
球鼻艏
船舶最前端水下部分突出的球状体，如同一个大鼻子，可以减小船舶在水中受到的阻力，提高航速，内部的空间还能安装声呐和侧向推进器等装置。

运载气垫船

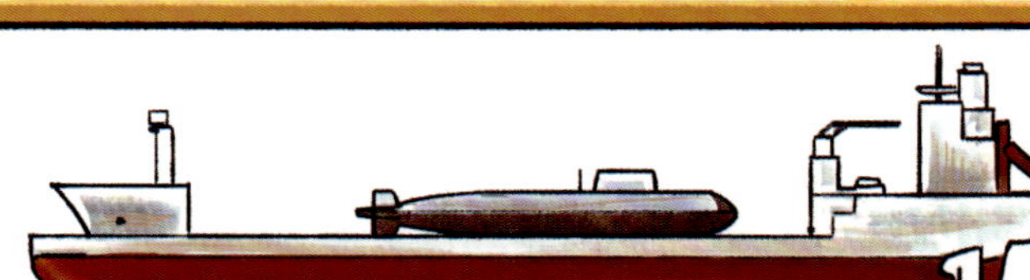
运载潜艇

冲向海滩的“野牛”

半潜船搭载的“野牛”气垫登陆艇
在一阵隆隆声中掀起大量浪花，
它庞大的身躯从海面上疾驰而过，
眨眼间便越过滩头障碍，冲上海滩！

甲板速射炮

有着矮扁的多面体外形，能降低被敌方雷达发现的可能性，炮管可上扬进行对空射击，拦截空中的无人机和导弹。

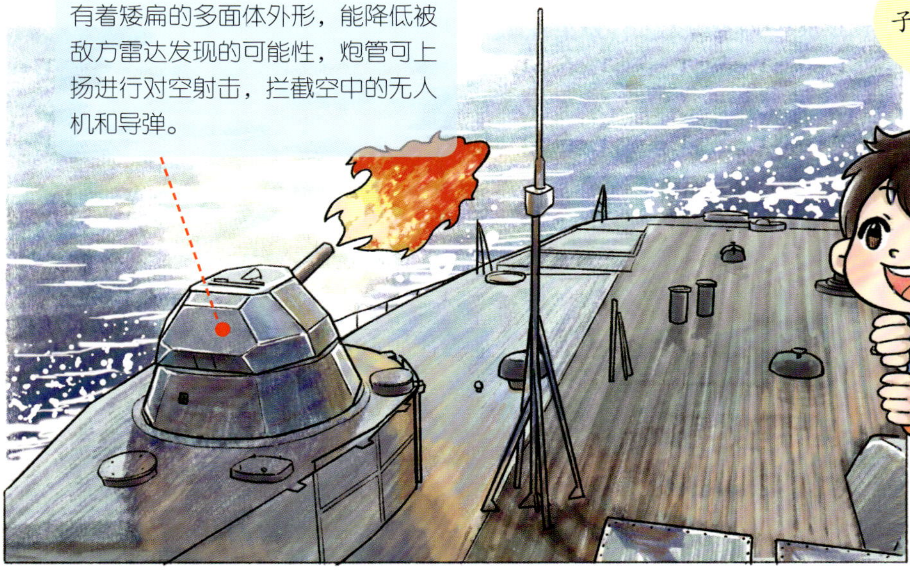
气垫船的气垫不怕
子弹射击，即使部分受损
也能正常工作！

推进风扇

气垫船的航行动力装置，能使气垫船灵活切换到前进或倒退状态。

坞舱

面积约一个篮球场大小，甲板可防弹，能承载三辆坦克或十几辆装甲车。

气垫船能直接从海面
冲上陆地，运送士兵登陆。

所谓“术业有专攻”，
“野牛”气垫登陆艇就是专为
登陆作战而生的！
“野牛”气垫登陆艇
有着如同其名字一般的庞大身躯，
航行时气垫中的高压空气可将船体
抬升，让它贴着水面飞速航行。
升力风扇
安装在船身两侧，能像吹气球
一样将气垫船下方的气垫吹胀，
将船体抬离水面或地面。
气垫
由耐磨性强的橡胶和织物制成，
里面装有柔性气囊，具有防弹、
防划伤、防爆破等功能。

护送半潜船

你能否试着指挥半潜船前进呢？尝试不同的路线，找出最佳前进方向，护送半潜船快速抵达目的地。

任务说明：

护送半潜船航行的途中，遍布着各种各样的险情，也有帮助你顺利前进的有利条件。遇到有利条件可为护送任务加分；遇险时则要回答问题，答对即可不减分安全通过。

护送半潜船的途中真是困难重重呀！
切忌盲目前进，要认真考虑每一步的后果哦！

半潜船从基地出发，我们紧随其后，时刻观察海况……

成功获取目的地坐标，加一分！
糟糕，要触礁了！要减五分，不过答对问题就可以不减分！
下面哪一项不属于海军的五大兵种？（ ）
A. 海军航空兵 B. 海军岸防兵
C. 海军陆战队 D. 海军航母兵
遇到洋流了，顺流航行速度会加快哟！加三分！

信信号也十分微弱，即将减四分，快来回答问题吧！
用于测量海上距离的单位是（ ）。
A. 千米 B. 华里 C. 英里 D. 海里
遇到我方舰队，加三分。
情况不妙！竟然遇到敌方舰队了，不想减三分的话就一起答题吧！
无人操作系统必要的组成部分包括（ ）。
A. 无人武器装备、通信链路
B. 无人武器装备、控制站、通信链路
C. 无人武器装备、控制站
D. 无人武器装备、控制站、通信链路、操作员
危险！敌方岛屿有反舰导弹！答题正确才能获得继续前进的机会，快来试试吧！
“戚继光舰”“邓世昌舰”和“郑和舰”都是我国以人名命名的特种舰船。它们是什么类型的舰船？（ ）
A. 救援舰 B. 电子测量船 C. 扫雷舰 D. 训练舰
目的地

火箭分段运输车

运载大型火箭的重型特种车辆，一个轮子就有半人高。执行火箭运输任务时，需要专门封闭道路，确保运输车和火箭安全通行。

起重机

远望号火箭运输船上的特殊起重机，可进行双臂联吊，使吊装工作精准无误，进行毫米级的操作。

火箭集装箱

用来装载运载火箭及其配套辅助设备的特种集装箱，内部可保持一定的温度和湿度，有减震、抗腐蚀等功能，能保证里面的火箭部件不受损坏。

火箭运输船

在海南岛上，有着我国最南端的航天发射场——文昌航天发射场，想把巨大的火箭运到岛上的发射场，就离不开火箭运输船的帮忙。

远望号火箭运输船
新型“长征火箭家族”的配套特种运输船，负责将分段的火箭经由海上转运到文昌航天发射场，再组装发射。
火箭运输船上的起重机就像巨人的双臂，可以将数十吨重的火箭集装箱轻松地吊起来！
任何颠簸磕碰都可能导致火箭发射事故，因此需要使用平稳性很好的火箭运输船来运输。

这艘船背着好多巨大的“锅”和“球”，它们都是做什么用的？
远望 7 号航天远洋测量船
装备了新一代船载航天测控通信系统及测量雷达，配备多频段、多体制的测控设备，担负着我国航天远洋测控的重要任务。
天文经纬仪
看起来像一台大型天文望远镜，它能拍摄高清画面，还具有激光测距功能，可实时测量观测目标的距离。
已成功连接海事卫星，开始读取数据。

气象探空气球
一种特殊的氢气球，不易破裂，能把探空仪器带到高空，进行温度、大气压力、湿度、风速、风向等气象要素的探测。
火箭发射前必须确定好风力、风速等气象信息，才能确保万无一失。
那些“大锅”和“大球”可都是空间测量、通信和导航的专用雷达！

海事卫星
用于海上和陆地间无线电联络的通信卫星，海事卫星通信系统由海事卫星、地面站、终端组成。

航天远洋测量船

火箭已经装载到运输船上，运往航天发射基地。

与此同时，航天远洋测量船在静谧的海面上驶过，

它作为“海上科学城”，能为火箭的安全发射提供可靠的保障。

已锁定敌方的潜艇
和飞机，同时扰乱了他们
的搜索程序。
敌方航母

大洋上的“电子天眼”——电子侦察船

我方在进行火箭发射之前的测量时，
遇到了敌方的干扰和威胁，于是我方派出了两艘电子侦察船，
对敌方进行远距离侦察，以保障我方海上安全。

我方和敌方的
航行动态都显示在
电子屏幕上了！
敌方的通信和
雷达频率，我方也都
清清楚楚地捕捉到了。

敌方反潜巡逻机
在民航客机的基础上改进而成，可伪装成客机飞到领海线处执行侦察任务。
敌方直升机驱逐舰
敌方攻击型核潜艇
足球形雷达罩
既能保护雷达，又能减少外部无关信号和电磁干扰，还能改善雷达视场，使雷达监测时减少阻挡。
开启雷达照射，实时跟踪目标！
国产新型电子侦察船
有多种型号，以组成北斗七星的星星命名，如玉衡星、天权星等，主要负责电子信息侦察，收集雷达和通信信号，还能承担导弹跟踪及其轨迹测量等任务。

让“水下刺客”无处遁逃——水声测量船

我方刚刚把海面上的敌方舰船赶走，又发现水下藏有敌方的潜艇。它隐身能力强且十分狡猾，但水声测量船一定会让它现出原形！

水声测量船和潜艇救援舰出动！准备好深潜救生艇，逼迫他们上浮。
导航雷达
主桅杆
数据链天线
前桅杆
直升机甲板
舰艉起重机
潜艇救援舰
搭载多种潜水设备，能对出现故障的潜艇进行水下维修，救援被困在水下的艇员。我国现役的潜艇救援舰有十余艘，“洪泽湖船”是其中的佼佼者。
深潜救生艇
看上去像一艘小潜艇，能对接我国现役所有潜艇的逃生口，帮助水下遇险的艇员安全逃生。
我方潜艇
可投放水下探测器，对敌方潜艇进行定位。
海上安全不仅指海面上的安全，水下的安全同样重要！

发现敌方潜艇！
水声测量船
采用了特殊的双体船型，能通过发射声波来探测船舶周围的水下环境，装备了多种先进的水下机器人和探测设备。
在水声测量船面前，我的隐身功能竟然不起作用了！
敌方潜艇

祖国海权，寸土不让——中国海警船

火箭运输船沿着我国的近海航线向南航行，为了避免其他国家的非法船只偷偷跟踪骚扰，我方的海警船会在途中护航。

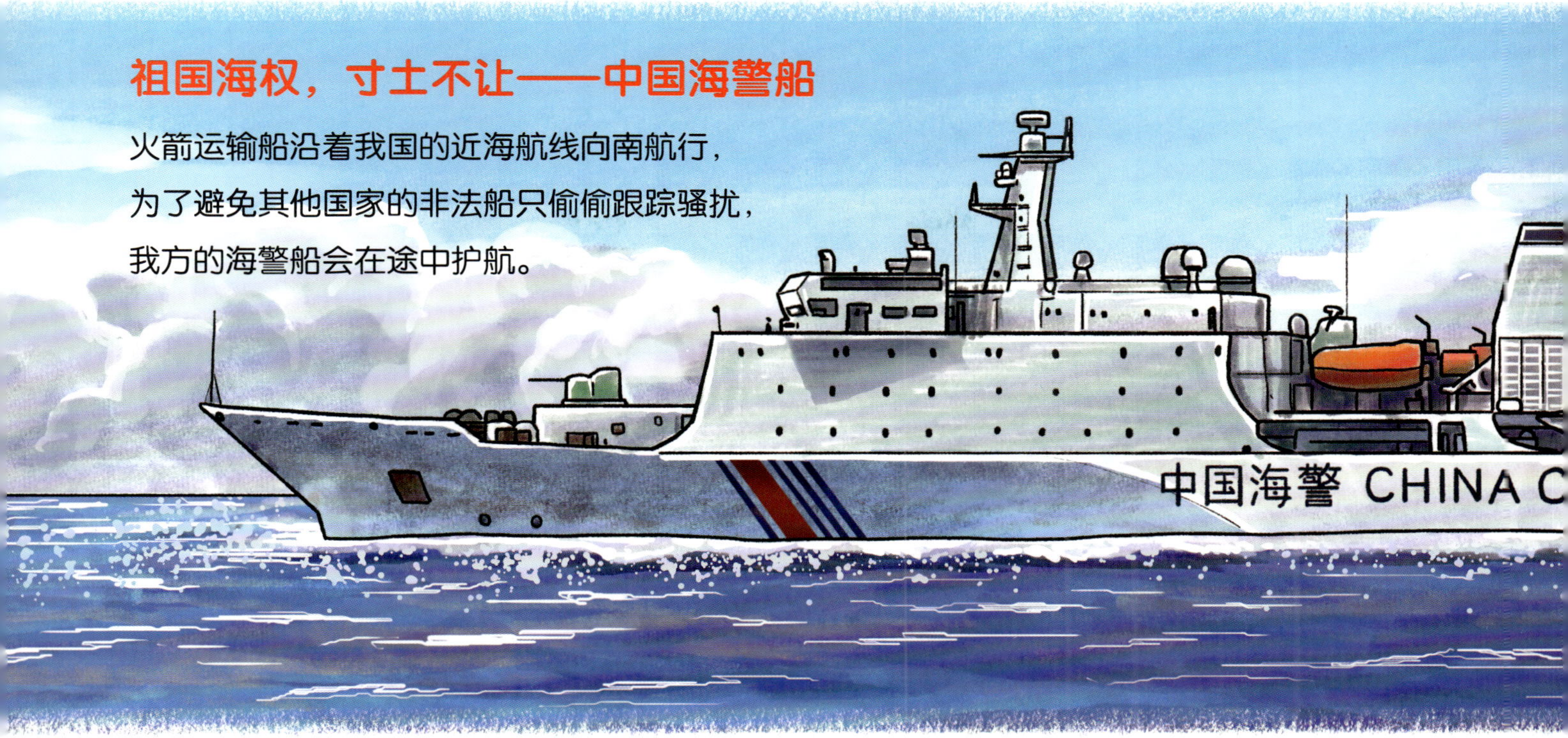
中国海警 CHINA C

海事巡逻艇

海警日常巡逻执法的交通工具，具有超高的航速，可拦截从事走私、偷渡等违法犯罪活动的快艇。

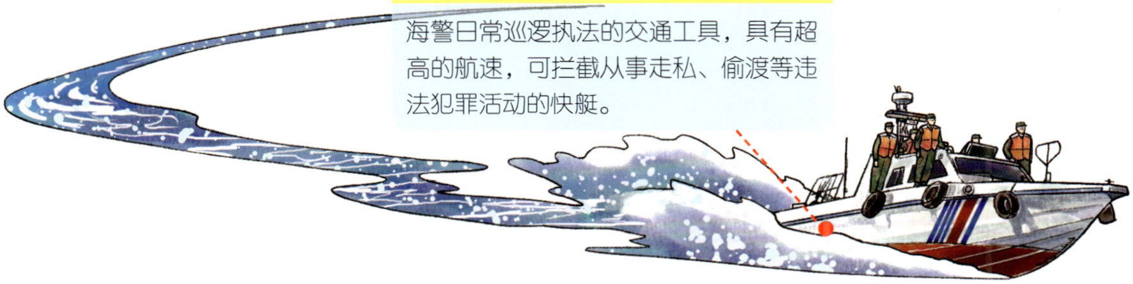

中型武装海警船

按照军舰的标准建造的海警巡逻船，尺寸近似护卫舰。船上配备了多门中小口径舰炮，还配备了高压水炮等非致命性执法武器。

敌方的非法船只
被夹在两艘海警船中间，
动弹不得了！

T GUARD
万吨级海警船
具备深远海综合指挥能力、远洋巡逻执法能力的大型远洋海警船，排水量在万吨以上。

全员做好防撞击准备，迅速控制非法船只！

海警船和军舰有什么不同？

海警船的主要职能是在我国管控的海域巡逻执法，对外国违法船只进行监视，打击海上违法犯罪活动。尽管它的吨位与海军的驱逐舰、护卫舰近似，但其配备的武器比军舰要简单。

多功能海洋执法船
担任海域维权执法、海洋资源和环境保护、海上事故调查等任务，船艏经过加固处理，能承受敌船的猛烈撞击。
海警
中国海警 CHINA COAST GUARD

远望号测量船

雷达跟踪正常！
遥测信号正常！
光学跟踪正常！

测量船指挥员

负责海洋测量船与火箭发射各部门的协调配合，掌握海上、空中和陆上的所有相关信息，是海上测控中心的“司令员”。

测量船海上测控站

可游弋在全球海域，为火箭发射任务提供跟踪、测量、遥控、通信等支持。

海上测控，走向深空！

火箭成功抵达发射场，
随着点火指令的下达，
巨大的火箭拖着橘红色尾焰腾空而起！

腾空的火箭像一条巨龙划破天际，震撼人心！

大洋上的特种船队，
用来自海洋的科技力量
托举着火箭，向太空进发！
火箭成功发射！
为了这一刻，大家之前的
努力都是值得的！

航天测量船怎样为火箭发射保驾护航？

① 测量船提前到达风平浪静的海域就位；
② 保证雷达、天文望远镜等设备处于正常工作状态，等待火箭升空；
③ 火箭飞向高空后，测量船随时跟踪火箭的飞行高度与速度等信息，并发送至数千千米外的航天指挥中心；
④ 通过精密的计算，确定火箭进入预定轨道，发射任务完成。

测量船火箭发射团队

由不同领域、不同学科的专业人员组成的测量船大家庭，不仅包括海上测控人员，还包括航海制图人员、气象观测人员、船上物资保障人员、舰船操控员及海洋科学家等。

海上发射火箭任务，开始！

火箭除了基地发射，
还可以运送到海上发射。
运送火箭的途中困难重重，
看看你能否顺利完成。

海上发射火箭可不是件容易的事！

海上发射

幸运地获得了燃料！满血复活，可以重新开始一次！

不好！我方遭到了敌方舰载机的猛烈攻击，要减两分！来答题补救吧！

中国在南极建立的第一个常年科考站是（ ）。
A. 昆仑站 B. 长城站
C. 中山站 D. 罗斯海新站

复杂的海况让我们失去了信号……不想减一分的话就来一起答题吧！

位于南极内陆冰盖最高点的科考站是（ ）。
A. 泰山站 B. 长城站
C. 昆仑站 D. 中山站

为什么要在海上发射火箭？

海上发射火箭受地形环境影响小，无须搭建复杂的地面设施，只要天气允许，甚至可连续发射多枚火箭。同时，在海上发射更容易选择火箭残骸坠落区，无须担心残骸落入城镇、乡村等有人居住的区域。

糟糕！遇到了敌方潜艇，答对问题就不用减两分了！

去南极科考的最佳季节是我国的（ ）。
A. 春季 B. 夏季
C. 秋季 D. 冬季

天气太恶劣了，竟然遇到了台风！你是选择减去一分，还是答题呢？

以下哪项不是海事卫星所具有的功能？（ ）
A. 语音 B. 视频
C. 短信 D. 数据传输

不好，漏油着火了！任务失败。快来答题复活！

（多选）以下选项中属于海事卫星通信系统的有（ ）。
A. 空间系统 B. 测控中心
C. 地面站系统 D. 应用者终端

任务说明：

在海上运送火箭时可以尝试不同的路线，找出最有效的前进方向。遇到有利条件可以加分；遭遇障碍时，需要回答问题，回答错误会减分，答对可以不扣分！

遇到敌方侦察机，来答题避免减去一分吧。
我国自主建造的首艘极地科考破冰船是（ ）。
A. 雪龙号 B. 雪龙 2 号
C. 极星号 D. 胜利号
太棒了，成功捕获了敌方潜航器！加两分！
得到了卫星指引！加两分。
在我方机队护航下非常安全地通过了这段路程。加一分。
目前，大多数火箭还是在基地内从固定塔架上发射升空的，这也是较稳妥的发射方式！
基地发射

极地发射

在极地也可以发射火箭。极地发射火箭的地点位于高纬度地区，通常用于发射特殊的太阳同步轨道飞行器，在这种轨道运行，需要火箭自东向西飞行，与地球自转的方向相反。在高纬度地区发射火箭，能克服地球自转的影响，因此更节省燃料。

我们的目标——星辰大海

火箭发射船的甲板上，白色的火箭从滚滚的浓烟中冲出，径直冲向蓝天。特种船不仅能帮助我们探索海洋，也能帮助我们探索宇宙，有了它们的助力，我们奔赴星辰大海的目标一定能实现！

引力一号火箭发射成功

2024 年 1 月 11 日，引力一号火箭在山东海阳东方航天港发射升空，首飞即采用难度较高的海上发射方式，发射任务圆满完成，创造了全球最大固体运载火箭的发射纪录。